설문지 작성과 통계분석

| SAS, SPSS 활용 |

Complete Questionnaires & Analyze Statistics

김호일 지음

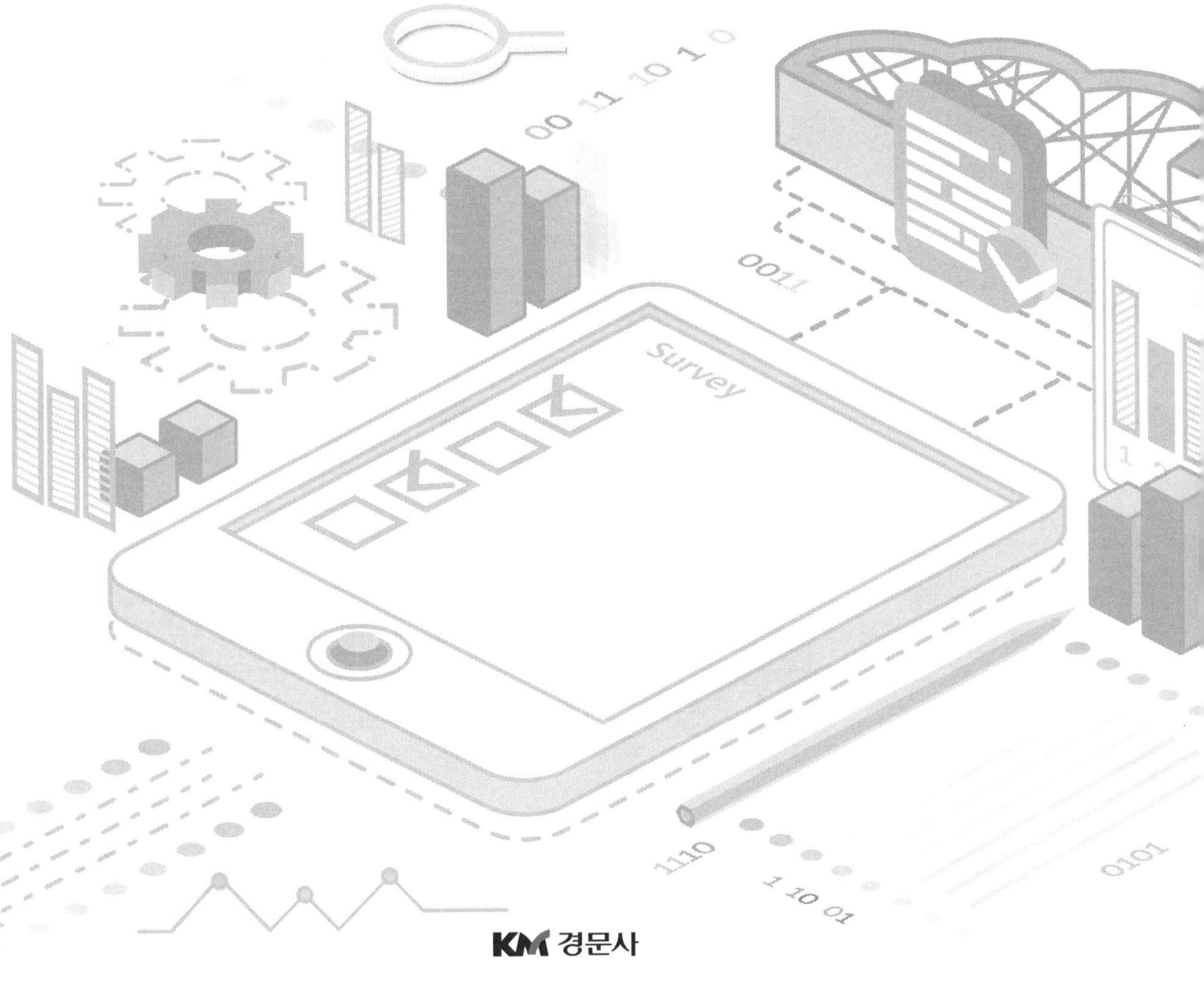

KM 경문사

머리말

인간이 자기가 알고자 하는 것에 대한 정보를 얻기 위해 행해지는 행위가 조사라 할 수 있다. 그러기 위해서는 조사 관찰 대상이 존재하게 되고 그 대상에 대해 과학적으로 정보를 얻기 위해 나름의 체계화된 연구가 필요하게 된다. 이런 의미에서 조사는 체계적이면서 논리적이고 과학적인 방법이다. 따라서 조사를 통하여 얻은 것을 정보라 하고 이런 정보의 주 취득원은 여러 가지가 있다. 그러나 여기에서 정보를 얻기 위한 조사라 함은 어떤 특정 대상에 대한 특정 목적을 가지고 과학적인 방법을 통하여 그 특징을 찾아내는 것을 말한다.

이 책은 그런 정보들이 어떤 방법으로 수집되어야 하고 또 어떤 방법으로 분석돼야 하는지를 알려주고 있다. 이 책은 한 학기에 마칠 수 있도록 구성하였으며 무엇보다도 실제 발생할 수 있는 예제 중심으로 SAS와 SPSS 통계 패키지를 통해 분석하고 그 결과를 자기 자신의 결과로 만들기 위해 노력하였다.

전반적인 책의 구성은 제1장~제2장 서론과 조사계획부터 시작하여 제3장 설문지 작성법을 통해 설문지를 작성해보고, 제4장~제7장까지는 자료의 분석을 위한 기초자료 특성을, 제8장은 자료의 분석을 위한 탐색적 자료 이론을, 제9장부터 마지막 제12장까지는 검정에 관한 통계이론을 언급하였다. 이처럼 본서는 조사 방법과 분석을 한 학기에 마칠 수 있도록 준비하였다. 따라서 조사에 필요한 추출방법과 같은 표본이론 방법론들은 따로 공부하여야 할 것이다.

글재주가 없는 사람이 여러 해 동안 강의하면서 얻은 결과물이라 생각하니 부끄러울 따름이다. 이 책을 내는 데 여러 가지로 배려해준 도서출판 경문사 사장님을 비롯한 여러분께 감사함을 이 글로 대신한다.

2022년 8월

김 호 일

목차

PART 4 척도의 종류, 타당도 그리고 신뢰도

PART 5 자료 모으기

PART 6 자료 요약하기

PART 7 자료 표현하기

PART 8 탐색적 자료분석

PART 9 하나 또는 두 그룹의 평균 비교

PART 10 두 개 이상 그룹의 평균 비교에 관한 검정

PART 11 범주형 자료의 검정-교차분석

PART 12 상관분석

부록

PART

1

시작하기에 앞서

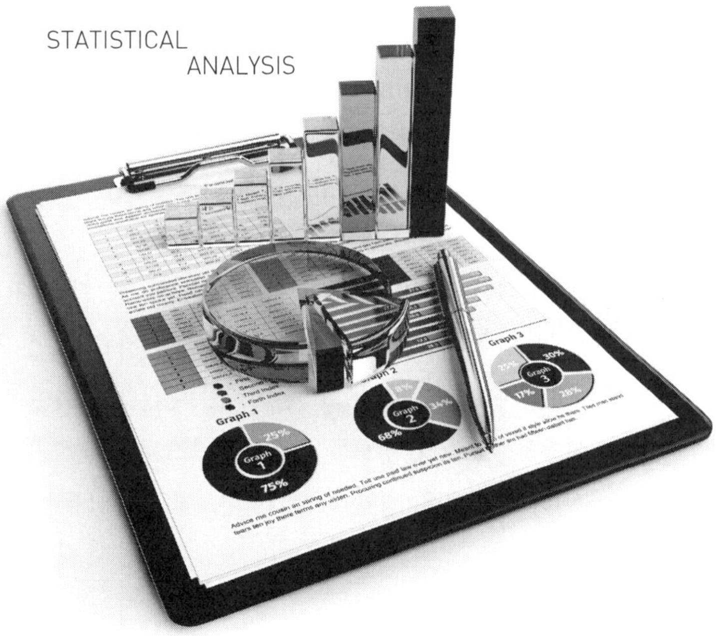

1.1 조사의 사회적 의의

미국통계협회(American Statistical Association, ASA) 회장을 지낸 Jon Kettenring 박사는 통계학에 대해 다음과 같이 정의하고 있다.

WHAT IS STATISTICS?

"I like to think of statistics as the science of learning from data. It presents exciting opportunities for those who work as professional statisticians. Statistics is essential for the proper running of government, central to decision making in industry, and a core component of modern educational curricula at all levels."

마찬가지로, ASA 부회장인 Jeri Mulrow도 통계학을 다음과 같이 정의하고 있다.

"Statistics is the best area to be in because statistics are everywhere! They are all around us in our daily lives. It is important to be able to think critically about all of the data and information that surround us. Statistics and statistical thinking help us to make sense out of all of it."

이는 통계학이 자료에 대한 과학인 학문이라 볼 수 있다. 또 한국통계학회가 발간한 '통계용어사전(1991)'에는 '통계학'을 "연구목적에 필요한 자료 및 정보를 최적한 방법으로 수집하고 수집한 자료를 과학적이고 논리적인 이론에 의하여 정리, 분석하는 학문"이라 하였다. 여기서 '자료 및 정보를 최적한 방법으로 수집하고'에 중점을 둔다면 이는 조사(Survey)라는 새로운 영역이 생겨난다. 역시 미국통계협회에서 정의한 조사는 다음과 같다.

WHAT IS A SURVEY?

"Today the word 'survey' is used most often to describe a method of gathering information from a sample of individuals. This 'sample' is usually just a fraction of the population being studied"

즉, 조사는 개인들의 표본에 대한 정보를 모으는 것이다. 우리나라의 '통계용어사전(1991)'에는 조사를 다음과 같이 언급하고 있다. "인간의 생활과 그를 둘러싸고 있는 환경 전반에 걸쳐 정보를 얻기 위해 행해지는 행위"라고 언급되어 있다. 즉 어떤 한 인간이 자기가 알고자 하는 것에 대한 정보를 얻기 위해 행해지는 행위가 조사라 할 수 있다. 그러기 위해서는 조사 관찰 대상이 존재하게 되고 그 대상에 대한 과학적으로 정보를 얻기 위해 나름의 체계화된 연구가 필요하게 된다. 이런 의미에서 조사는 체계적이면서 논리적이고 과학적인 방법이다. 따라서 조사는 오래전부터 많은 선진국에서 보편적으로 사용돼 왔다. 우리는 이런 일반적인 조사를 통하여 얻은 것을 정보(information)라 하는데 이런 정보의 주 취득원은 신문, 잡지, TV, 라디오 등이다. 그러나 여기에서 정보를 얻기 위한 조사라 함은 어떤 특정 대상에 대한 특정 목적을 가지고 과학적인 방법을 통하여 그 특징을 찾아내는 것을 말한다. 특히 선진국이나 민주주의가 발달한 나라일수록 조사에 대한 발전을 가져왔다. 그 이유는 국가에서 조사를 통하여 사회정책을 입안하는 데 국민의 의견이나 선호를 반영하기 때문이다. 이런 조사는 현재 안 쓰이는 분야가 없을 정도로 그 분야는 방대하다. 하지만 간단한 예를 들어보면 다음과 같다.

(1) 통계청에서 5년마다 인구, 주택에 관한 모든 것을 알기 위해 인구 및 주택 총조사를 실시한다(대표적인 전수조사).
(2) 선거후보자들은 자신에 대한 이미지 조사를 원하고 유권자인 지역주민들의 뜻이 무엇인지 알기 위해 여론조사를 실시한다.

(3) 주요 TV 방송사에서는 선거후보자의 지지율 또는 출구조사를 한다.

(4) 주요 TV 방송사들은 어느 프로그램이 얼마나 많은 영향을 끼치고 어떤 부류의 사람들이 얼마만큼 만족하는지 알아내기 위해 시청률 조사 등을 실시한다.

(5) 지역단체가 자신의 지역에 개발을 위한 각종 평가 및 주민의식조사 등을 실시한다.

(6) 대기업들은 자신의 기업 이미지를 높이기 위해 기업 이미지 조사를 한다.

(7) 어느 자동차 제조업자들은 그들의 차를 가진 사람들이 얼마만큼 만족하는지 알아내기 위해 소비자 상품 만족도 조사를 실시한다.

(8) 지방의 건설회사들은 그들이 지은 주택에 살고 있는 사람들이 주택에 대한 만족도를 확인하기 위해 조사를 한다.

(9) 잡지회사들은 그들의 정기구독자들이 어떤 내용을 주로 읽는지를 알아내기 위해 조사를 애용한다.

(10) 화장품 회사에서는 화장품 구매자들의 특성을 파악하기 위해 조사를 한다.

(11) 청소년 단체에서는 청소년의 의식이나 청소년 문제에 관한 조사를 한다.

(12) 모 연구소는 표본으로 가구를 확보하여 주기적으로 같은 질문을 반복, 조사한다(패널조사).

PART

2

조사계획

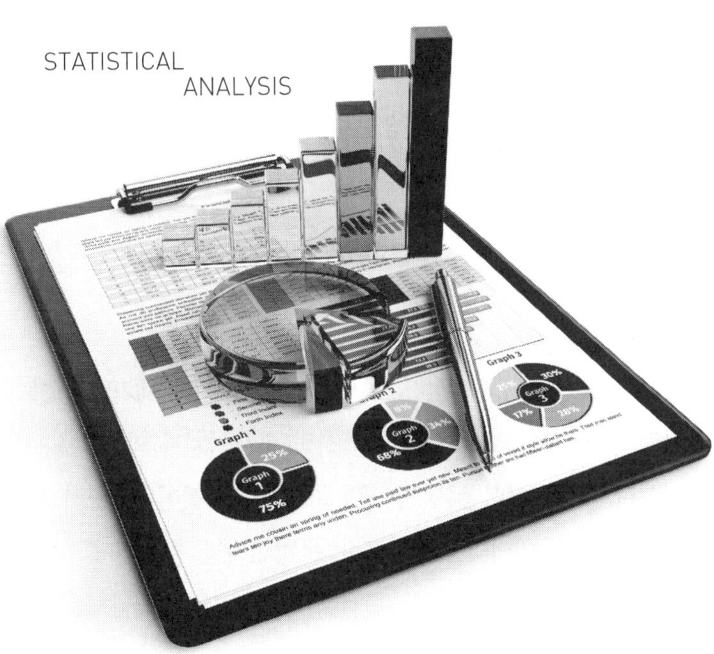

2.1 조사의 계획

앞에도 언급했듯이 어느 개인이나 단체는 그들이 알고자 원하는 대상, 즉 모집단의 생각이나 특징을 그 모집단의 일부를 뽑아 조사함으로써 자신들이 원하는 뜻을 이룰 수 있을 것이다. 정치가는 그 지역에 유권자들의 생각이 어떠한지 알아내기 위하여 조사를 원할지도 모른다. 새로운 TV를 만들어 낸 전자회사가 그 TV의 소비자 만족도를 조사하고자 원할 것이다. 이러한 조사를 하기 위해서는 어떻게 조사계획을 세워야 하는지를 체계적으로 아는 것도 중요하다. 다음은 조사연구의 단계를 언급하였다. 단계별로 겹치는 경우가 많으므로 꼭 단계를 구분하여 생각할 필요는 없지만, 어느 정도는 다음 단계 순으로 조사계획을 세울 수 있다.

[표 2.1] 조사단계

단계	계 획	실 제
단계1	조사목적을 명확히 정의한다(조사의 필요성과 문제 제기).	무엇을 알기 원하는가?
단계2	조사계획과 예산을 세워야 한다(조사계획 입안).	예산과 시간은 어떻게 되나?
단계3	모집단 목록을 구성한다(조사대상 선정).	누구에게 물을 것인가?
단계4	표본의 크기 결정과 표본 추출 방법 등을 결정한다(조사방법 결정).	어떤 방법으로 물을 것인가?
단계5	질문서 작성 등을 준비한다(설문지 작성).	무엇을 물을 것인가?
단계6	예비조사를 한다(사전조사).	설문지의 검사
단계7	실제조사를 한다(본 조사).	실사
단계8	설문지의 코딩 및 컴퓨터 입력, 자료의 분석 및 보고서 작성	보고서 작성

단계1. 조사목적을 명확히 정의한다(조사의 필요성과 문제 제기): 무엇을 알기 원하는가?

조사의 가장 첫 단계는 조사가 필요한 사람(조사의뢰자)의 의도와 목적을 정확하게 파악하는 것이다. 이는 어떠한 방법으로 조사를 할 것이냐, 어떤 분석을 할 것인가 보다는 조사를 통하여 얻어야 할 정보가 무엇인지를 확실하게 알아야 나중에 최종

결과를 얻을 때 조사의뢰자에게 원하는 만족을 줄 수가 있다. 이 단계를 명확히 하지 않으면 조사과정에서 수시로 조사의 방법이나 내용이 변경될 수 있으므로 시간이나 비용을 낭비할 수가 있다. 따라서 조사를 하기 전에 제일 먼저 준비해야 할 것은 정확한 조사목적과 조사하려고 하는 대상(모집단)을 확실히 정의할 필요가 있다. 또한 조사자는 조사에 들어가기 전에 조사의뢰자에 관계되는 정보를 철저히 얻어야 한다. 즉 조사하고자 하는 내용이 전문적일 경우 그에 관한 내용을 확실하게 파악해야지 조사과정에서 문제가 발생하지 않는다. 그런 후 예산을 편성하게 되고 거기에 맞는 시간계획표를 짜게 된다. 그 이후에 자료를 모으는 방법{우편조사, 전화(휴대전화)조사, 면접조사, 인터넷조사} 등 제반적인 준비가 필요하다. 특히 자료를 모으는 방법에 있어서는 어느 방법을 사용하느냐에 따라 예산이나 시간에 크게 영향을 미치므로 신중히 결정하여야 한다.

단계2. 조사계획과 예산을 세워야 한다(조사계획 입안): 예산과 시간은 어떻게 되나?

조사의뢰자에 의한 조사목적과 조사대상이 확실하게 정해지면 조사자는 조사연구를 수행하기 위한 시간계획표를 세워야 한다. 특히 시간계획표를 세울 때는 예상치 못했던 상황이 발생하거나 조사의뢰자가 만족하지 않은 결과로 인한 재검사 등을 고려해서 어느 정도의 시간적 여유를 두는 것이 좋다. 이런 시간적인 계획표와 더불어 적절한 예산이 필요하다. 시간과 예산은 아무래도 사람을 직접 만나는 면접보다는 전화(휴대전화)조사, 우편조사, 인터넷조사가 모두 유리하지만, 반드시 시간과 예산에 얽매일 필요가 없을 때는 면접조사도 고려해 볼 만하다(자세한 일정과 예산에 관한 내용은 2.3절 조사의 계획과 예산에 언급하였다).

단계3. 모집단의 목록을 구성한다(조사대상 선정): 누구에게 물을 것인가?

조사의 목적을 파악했고 계획과 예산도 세웠다. 이제는 누구를 대상으로 조사를 할 것인가를 확실하게 정의할 필요가 있다. 즉 면접하게 될 대상의 목록을 만들어야 하고 거기서 표본을 얻어야 한다. 따라서 조사자는 조사에 필요한 정확한 정보를 갖고 있는 모집단을 정확히 명시하여야 한다. 모집단이 개념적인 의미에서 정확히 정의된 후에 이 모집단의 접촉명단의 목록을 확보하여야 한다. 이 목록에서 조사자는 표본을 추출하게 될 것이다. 예를 들자면 서울시장을 뽑는 선거에서 서울시민들의 후보 선호도를 알고 싶다고 가정하자. 이 경우 모집단은 서울시민이 될 것이다. 좀 더 명확한 개념으로 이야기한다면 주민등록상의 주소가 서울로 되어 있는 사람들이 모집단이 될 것이다. 따라서 서울시장 후보로서 누구를 선호하는지를 알고자 하는 서울시민에 대한 조사에서의 모집단 목록은 서울시 주민등록상의 목록이 된다.

단계4. 표본의 크기 결정과 표본 추출 방법 등을 결정한다(조사방법 결정): 어떤 방법으로 물을 것인가?

모집단의 목록이 완성되면 조사자는 모집단에서 적절한 크기의 표본을 선택하여야 한다. 일반적으로 표본마다 추출될 확률이 동일한 조건을 가지는 경우 표본을 많이 추출할수록 표본을 적게 추출하는 경우보다 오차가 떨어진다는 것이 알려져 있다. 그러나 표본을 많이 추출하면 할수록 당연히 예산 또한 많이 드는 게 사실이다. 따라서 조사자는 조사의뢰자의 조사비용과 오차 간의 적정선을 선택하여 결정하도록 도와주어야 한다. 오차를 줄이려면 예산을 늘려야 하고 예산을 줄이려면 오차가 높아지기 때문이다. 일단 표본의 크기가 예산과 오차에 근거하여 적절히 결정되면 여러 표본 추출 방법이 결정되어야 한다. 이들 표본 추출 방법이란 단순임의추출법, 층화임의추출법, 계통추출법 등을 말한다. 이 추출 방법은 전적으로 통계전공자들에게 달려 있으며 모집단의 분포 성격에 따라 결정될 수 있다.

단계5. 질문서 작성 등을 준비한다(설문지 작성): 무엇을 물을 것인가?

설문지를 어떻게 작성하느냐에 따라 조사에 대한 결과가 달라질 수 있을 만큼 이 단계가 중요하다. 이 단계에서는 조사자가 조사의뢰자가 얻고자 원하는 목적들, 즉 첫 단계에서 논의되었던 내용들을 과학적이고, 체계적으로 얻기 위해 잘 정리된 설문지를 만들어야 한다. 설문지 작성은 조사에 매우 중요하므로 신중하게 시간을 두고 하여야 한다. 조사대상, 조사시점 등 뿐만 아니라 조사방법(면접조사, 우편조사, 전화(휴대전화)조사, 인터넷조사)에 따라서 설문지의 사용하게 될 용어와 형태 등이 달라지게 될 것이다. 선택형 질문과 서술형 질문이 균형을 이루고 설문지의 길이 또한 고려해야 한다. 설문지가 길수록 인터뷰 시간이 길어지므로 때에 따라 응답자가 짜증이 날 수도 있을 것이다. 따라서 설문지가 길수록 응답자의 응답 회수율이 낮아지는 경향이 있다. 설문지는 이해하기 쉬워야 하고, 일관성이 있어야 하며, 자료를 분석하는 데 적절하고 의미가 있도록 작성하여야 한다(자세한 설문지 작성법에 관한 이야기는 3장에 언급하였다).

단계6. 예비조사를 한다(사전조사): 설문지의 검사

어느 정도 조사목적에 필요한 정보를 얻는 데 충분하게 설문지가 완성되었다고 생각이 되면 실제적인 상황 하에서처럼 실습, 즉 예비 점검이 필요하다. 이는 모든 것들을 실제조사를 하는 것처럼 행하되 표본 수만 줄여서 조사하는 것이다. 따라서 예비조사를 행하는 과정에서 의미가 명확하지 않은 질문이나, 어설픈 질문, 질문들 간의 매끄럽지 못한 연결, 용어의 불명확 등 설문지에 관한 문제를 찾아 수정하여 다시 설문지를 만들어 실제적인 조사에서 사용할 수 있을 것이며, 기타 시간의 소요, 장소의 제약 여부 등을 파악하여 실제조사에서 나타날 수 있는 문제점 등을 발견할 수 있을 것이다.

단계7. 실제조사를 한다(본 조사): 실사

설문지 작성도 예비조사를 통하여 어느 정도 정리하였고 이제 설문지를 직접 배부할 시간이 왔다. 물론 그 이전에 조사자는 면접원들을 교육시켜야 하겠지만 그 과정은 잠시 접어두고 실제로 조사를 하게 된다. 따라서 지금부터는 지금까지 계획을 세운 대로 조사를 하게 된다. 즉 조사하기로 한 방법을 사용하며, 표본들을 다시 점검하고, 시간계획표와 예산에 따라 진행되어야 한다. 표본으로 추출된 응답자들의 불편을 최소로 하고 개인의 privacy를 보장하며 편하고 경계하는 마음 없이 설문지에 응하게 하는 것도 중요하다. 덧붙인다면 조사를 수행하는 데 있어서 조사자는 나름의 몇 개의 윤리 규범을 준수해야 한다. 즉 조사자는 응답자에 대한 조사윤리를 가져야 하며, 응답자가 믿고 응답한 것들을 조사목적 이외에는 공포하지 않아야 한다.

단계8. 설문지의 코딩 및 컴퓨터 입력, 자료의 분석 및 보고서 작성: 보고서 작성

응답자들이 응답한 설문지들을 잘 모아 바로 분석을 위해 컴퓨터에 입력이 될 수 있도록 설문지들이 정리되어 있어야 한다. 설문지가 일단 회수되면 설문지 자체를 분석하고 정리하는 것이 중요하다. 즉, 각 설문지마다 표시된 숫자를 점검하고 설문지의 항목 중 무응답은 없는지를 확인하는 절차가 필요하다. 또한 직접 내용을 쓰게 되는 서술형 질문은 여러 개의 범주로 정리하여 컴퓨터에 바로 입력할 수 있도록

쉽게 번호로 정리되어 있어야 한다. 그 후 엑셀이나 통계 패키지를 통해 자료를 입력하고 입력된 자료는 통계학자나 전문 조사자에 의해 여러 통계 패키지를 통한 다양한 통계기법을 사용하여 그 결과를 얻는다. 우선 탐색적 자료분석으로 간단한 그림과 평균, 분산 등의 기초 통계량을 통하여 전반적인 자료의 개요와 특징을 분석하고 특이치와 같은 정상적인 분석에 방해가 되는 것들을 찾아낸다. 이 과정이 끝나면 조사의뢰자가 요구하는 더 높은 수준의 다변량 통계기법 등과 같은 것들이 사용돼야 할 것이다. 따라서 이런 과정은 조사자가 의뢰하는 결론을 내리는 데 중요한 과정이 된다. 이후 최종적으로 보고서를 작성하여 제출하거나 발표해야 한다. 보고서는 그것을 읽는 사람이 충분히 이해할 수 있도록 쉽게 작성되는 것이 무엇보다도 중요하다.

이외에 중간과정으로 면접원의 선발과 교육이 필요하다. 특히 우편조사를 제외한 전화(휴대전화)조사나 면접조사를 할 경우에는 더욱더 훈련된 면접원이 필요하다. 이들 면접원은 준전문가로서 나름대로 교육수준이 있어야 하고 또 전문적인 면접방법의 교육을 받아야 한다. 자격이 없는 면접원은 그만큼의 조사에 대한 부실함을 가져올 수 있다. 면접원의 던지는 한마디 한마디가 조사내용의 왜곡을 가지고 올 수 있으므로 조사에 있어서 면접원의 역할은 매우 중요하다. 따라서 조사자는 조사연구의 특징과 응답자의 특징에 따라 면접원을 선발, 교육해야 할 것이다. 면접원들은 조사를 시행하기 전에 조사자에 의해 질문내용을 철저하게 파악을 하고 있어야 한다. 면접원이 조사내용이나 설문지를 철저히 이해할 경우 면접을 하는 과정에서 응답자로부터 얻어야 할 정보를 정확히 얻어낼 수가 있다. 따라서 면접원은 면접을 하는 데에 대한 정확한 지침을 교육받아야 하고 비협조적인 응답자를 다루는 법도 배워야 한다. 특히 전화(휴대전화)조사의 경우에 보이지 않는 상황에서 상대방이 갑자기 면접원이 대답하기 어려운 질문들 할 때 그 상황에서의 대처를 준비하여야 한다. 예를 들어 다음과 같은 질문이 나올 수 있다.

- "하필이면 왜 우리 집이 뽑혔냐?"
- "어떻게 우리 집 전화번호를 알았나?"
- "꼭 내가 대답해야 하나? 딴사람이 하면 안 되냐?"
- "대답을 안 하면 안 되나?"
- "조사하는 이유가 뭐냐?"

2.2 설문조사의 여러 가지 실시 방법

설문조사를 실행함에 있어서 조사방법이 먼저 결정되어야만 그에 맞는 설문지를 작성할 수 있기 때문에 설문지를 작성하기 전에 다음과 같은 설문조사 방법에 관하여 장 · 단점을 비교, 설명하기로 한다.

2.2.1 우편조사법

우편조사법은 표본으로 뽑힌 단체나 사람에게 반송우표 내지 사례금(아니면 기념품)을 동봉해서 설문지와 함께 보내 응답을 얻어내는 방법이다. 이 방법은 특정인을 대상으로 조사하기 좋은 방법인데 응답률이 낮은 것이 단점이다.

〈장점〉

아무래도 비용이 적게 든다. 굳이 전화(휴대전화)조사에서의 전화면접원이나 면접조사에서의 면접원이 필요하지 않기 때문이다. 응답자의 입장에서 언제든지, 어디서든지 자기가 편한 대로 설문지에 응답을 할 수가 있다. 그림이나 도형과 같은 이미지 화면을 반드시 봐야 하는 설문조사에 유리하다. 또한 전문적인 지식 없이도 조사하고자 하는 특정대상의 주소만 있고, 설문지만 잘 작성하면 조사가 가능하다.

〈단점〉

설문지가 회수되는 비율이 아무래도 낮다. 보편적으로 보내는 설문지의 회수율을 20~30%로 잡는다. 그렇지만 설문지를 보내면서 그에 대한 사례(incentive)로 무엇을 어떻게 포함하느냐에 따라 응답률과 설문지의 정확도가 달라질 수 있다. 실제로 James & Bolstein(1990)은 1986년 미국 워싱턴 D.C 지역의 CCTV 가입자들을 대상으로 시청 현황과 인적특성을 조사하고자 하였다. 특히 이 조사에서는 1차 설문지에 동봉한 금액을 5종류로 나누어 네 차례 3주간으로 응답률을 조사하였다. 그 결과는 [표 2.2]와 같다(허명회(1998)에서 재인용).

[표 2.2] 사례금과 후속 우편에 대한 누계 응답률

구 분	사례금 無	25¢	50¢	1$	2$
첫 번째 우송	54%	63%	63%	73%	78%
두 번째 우송	72%	75%	78%	88%	88%
세 번째 우송	83%	83%	83%	92%	95%
네 번째 우송	88%	86%	87%	93%	96%
총 대상 수	168	169	168	169	170

또 시간이 오래 걸리는 것이 가장 큰 단점 중 하나이다. 따라서 한 번에 설문지를 보내서 받는 방법도 있지만, 때에 따라서는 재차 아니면 재재차 설문지를 보내서 받아야 하므로 시간적으로 여유가 있어야 한다. 또 우리가 원하는 응답자가 직접 설문지에 답했는지 알 길이 없다. 그리고 응답자가 혼자 설문지에 응답해야 하는 경우이므로 질문에 대한 문제가 생겼을 때 어디 물어볼 사람이 없어 자기 생각대로 설문지에 대답할 수 있다.

2.2.2 전화(휴대전화)조사법

전화(휴대전화)조사법은 면접원이 휴대전화 또는 유선전화 RDD 표본 프레임에서 무작위 추출하여 그 번호를 대상으로 전화를 걸어 원하는 조사를 얻어내는 방법이다. 여기서 RDD(Random Digit Dialing)방식이란 자동 프로그램이 생성하는 전화번호로 임의로 전화를 걸어 조사하는 기법이다. 이 방법은 쉽고 빠르게 정보를 얻을 수 있으므로 최근 들어 정치 여론조사에 많이 이용된다.

〈장점〉

사람들을 가장 빠르고 쉽게 접촉할 수 있는 방법이므로 조사 속도가 빠르다. 만일 CATI(computer-assisted telephone interviewing) 방법을 사용한다면 조사 시작 몇 분 만에도 조사를 마칠 수 있다. CATI 방법이란 면접원이 질문지에 응답을 쓰는 대신에 휴대전화나 컴퓨터 모니터에 나타난 질문을 읽어 주고 응답 결과를 키보드에 바로 입력하는 조사 방식이다. 아무래도 전화(휴대전화)조사법은 임의로 번호를 표본으로 추출하는 방식에 자동으로 전화를 걸어 조사하므로 표본 추출 방법에서도 편리하고 어떤 측면에서는 정확할 수가 있다. 직접 보고하는 면접보다는 전화상으로 하는 면접의 경우 응답자의 심리상태가 안정될 수가 있고 설문지를 읽어 내려가는 상황에서 설문의 순서를 면접원이 조정 가능하다. 국내여론조사의 대부분은 전화여론조사이다.

〈단점〉

전화를 거는 데 있어서 시간대에 따라 조사대상이 비슷할 수가 있다. 유선전화인 경우 낮에는 주부, 오후에는 어린아이들이 주로 받을 수 있다. 또 전화 받는 시간이 식사시간이나 TV를 시청하는 시간대이면 응답원이 짜증을 내서 부실해질 수가 있다. 또한 전화는 면접조사보다는 응답자가 쉽게 거절할 가능성이 높다. 즉 얼굴을 보지 않은 상태이므로 조사목적만 듣고 바로 끊어버릴 수가 있기 때문이다. 또한 설문 내용이 길거나 어려울 경우 성실한 답변을 끌어내기가 힘들다. 마지막으로 면접원의 행동에 따라 부실한 응답을 얻을 수 있다.

2.2.3 면접조사법

면접조사법은 말 그대로 일대일 대면을 통해 자료를 얻는 조사방법을 말한다. 조사를 할 수 있는 장소로는 조사대상, 즉 표본을 어떻게 추출하였느냐에 따라 다양하며 무작위로 추출할 경우는 사람들을 만날 수 있는 모든 곳이 될 수 있다. 보통 가정집을 이용하고 가게, 길거리, 백화점, 역 등 상황에 따라 다양하다.

이 방법은 특별히 조사내용이 예민하거나 민감한 정치조사가 아닌 이상 사람을 만날 수만 있다면 보통 70~80%의 응답률을 얻을 수 있다. 또한 면접하러 찾아가기 전에 엽서를 미리 띄우거나 전화를 하고 가면 응답률이 더욱 높아질 수 있다. 반면에 표본으로 선택한 사람이 부재중일 때는 재차 방문해야 하는 등의 번거로움이 있다.

〈장점〉

우선 면접원이 직접 응답자의 감정이나 기분을 읽을 수 있다. 즉 어떤 물건에 대해 조사할 때 그 물건에 대한 느낌을 직접 느낄 수 있으며, 때에 따라선 우리가 조사하고자 하는 대상을 쉽게 만날 수 있다. 즉 영화에 관한 것을 조사할 경우 극장에서 나오는 사람들을 조사하면 되므로 쉽게 표본접근이 가능하다. 또한 집락추출법같이 지리적으로 모여있을 때도 면접조사법이 유리할 수 있다. 약간의 긴 설문지도 면접원을 생각해서 끝까지 응답할 수가 있다. 또 모호한 질문 등은 응답자가 직접 면접원에 질문을 하여 면접원이 도와줄 수 있으므로 유리하다.

〈단점〉

아무래도 직접 사람을 만나서 하는 조사이므로 면접원 고용, 면접원 교육 등 면접에 필요한 비용과 시간이 앞에 나열한 3가지의 조사방법 중 가장 많이 든다. 또한 면접원이 직접 개입하게 되므로 교육을 잘 받은 면접원일 경우에 장점이 되지만 유능하지 않은 면접원이나 의도를 가진 면접원일 경우 때에 따라 왜곡된 설문지가 나오기 쉽다. 그에 따른 응답자의 심리적인 부담 또한 있는데, 아무래도 혼자 설문지를 작성하는 것보다 옆에 사람이 있는 것이 부담되기 때문이다. 또 일단 표본으로 뽑은 사람은 가능한 한 그 사람과 면접을 해야 하므로 다시 찾아야 하는 번거로움이 있다.

2.2.4 인터넷조사법

인터넷조사법은 인터넷(이메일조사 포함)을 통해 이루어지는 통계조사를 총칭한다. 인터넷 설문조사는 기존의 설문조사를 인터넷 공간에서 조사함으로써, 인터넷이 연결된 모든 사람들을 대상으로 하는 설문조사방법을 말한다.

인터넷조사법은 기존 조사방법에 비해 인터넷이라는 특수한 환경을 활용하여 바로 연결이 가능하다는 것과 멀티미디어(그림, 동영상)적인 디자인 요소를 활용할 수 있다는 데 장점을 가진다.

〈장점〉

조사와 분석이 매우 신속하며 특히 설문지 회수가 빠르고 다른 조사방법에 비해 조사비용이 적게 든다. 또 시 · 공간상의 제약이 거의 없다. 또한 표본선정이 용이하고 설문지 작성이 유연하다. 또 그림이나 동영상을 포함한 보조자료를 제시할 수 있다.

〈단점〉

인터넷조사법의 가장 큰 단점은 전체 모집단의 표본이 지닌 대표성의 문제이다. 즉 인터넷 표본은 조사 전체 모집단을 정의하기도 쉽지 않지만 대표하여 표본을 뽑는다고 하여도 응답자에 대한 의존성이 다른 조사에 비해 높아 신뢰도에도 문제가 많다.

하지만 이메일조사는 모집단을 정의할 수 있고, 그 모집단 내에서 표본을 추출할 수 있다는 장점이 있다.

2.3 조사의 계획과 예산

2.1절 표본조사의 계획 단계2에서 언급한 것을 다시 한번 보도록 하자. 조사의뢰자에 의한 조사목적과 조사대상이 확실하게 정해지면 조사자는 조사연구를 수행하기 위한 시간계획표를 세워야 한다. 조사에 대한 시간계획표는 당연히 의뢰자의 상황에 맞추게 되어 있지만, 조사방법에 따라 시간이 차이가 나므로 방법 선택에 따른 조사계획을 세워야 하고, 예상치 못했던 상황이 발생하거나 조사의뢰자가 만족하지 않은 결과로 인해 재검사 등을 고려해서 실제조사보다 좀 더 여유 있게 시간계획표를 짜는 것이 좋다. 먼저 조사방법에 따른 시간계획표의 순서는 다음 2.3.1~2.3.3과 같다. 그러나 이는 어디까지나 한 방법의 제시일 뿐이지 반드시 이 방법대로 할 필요는 없다.

또 잘 계획된 조사에서 빠뜨릴 수 없는 부분은 시간과 경비를 고려한 조사 시에 필요한 예산일 것이다. 잘 계획된 조사는 값싸게 이루어지지 않는다. 일반적으로 조사는 비교적 경제적인 우편조사나 전화(휴대전화)조사, 인터넷조사가 있고 다소 비싼 개인 면접에 의해 이루어지는 면접조사가 있다. 따라서 무조건 경제적이라고 하여 우편조사나 전화(휴대전화)조사, 인터넷조사만을 고집할 것이 아니라 상황에 맞는 조사를 하여야 할 것이며, 비용은 수행되는 분석의 양과 설문지의 복잡성에 따라 달라질 수 있을 것이다. 또 면접조사의 경우 더 많은 인터뷰로 조사대상을 넓히려 할 때 인터뷰에 필요한 비용은 늘어날 것이다. 표본의 크기가 아주 작은 경우에도 단지 특정한 하나의 조사에 대해서만 사용될 경우에는 예외적으로 많은 비용이 필요할 수도 있다. 구체적으로 들어가는 비용은 다음과 같다.

1. 조사의뢰자를 만나 조사에 필요한 연구계획을 세우고 기획하는 비용
2. 설문지를 작성하고, 예비조사를 수행하는 데 필요한 노동의 물질적 비용
3. 면접원을 고용하고 훈련시키고 관리하는 데 필요한 관리 비용

4. 조사를 하는 데 필요한 비용과 면접원의 노동에 대한 비용
5. 설문지로부터 얻은 정보를 편집하고 부호화하고 컴퓨터에 입력하는 데 필요한 노동과 물질적 비용
6. 자료에 대해 표를 작성하기 위해 준비하거나 특별한 분석을 하는 데 필요한 프로그램과 비용
7. 자료를 분석하고 보고서 작성하는 데 필요한 노동시간과 물질적 비용
8. 기타 전화요금, 우편요금, 인쇄비, 복사비 등

다음에 나오는 시간은 상황에 따라 예산은 100을 기준으로 했을 때 각 분담 비율이 된다.

2.3.1 우편조사의 시간계획표와 예산

조사 항목	시간	예산
조사의뢰자와의 면담 + 설문지의 초고 작성	2주	20
설문지의 사전조사	1주	15
표본의 크기 결정 + 표본 추출 + 우편 목록조사	2주	15
공문발송 + 설문지 인쇄 + 설문지 보내기	2주	15
회수된 응답 설문지 목록 정리	1주	5
자료정리 + 컴퓨터에 자료입력	1주	5
자료분석 및 보고서 준비	2주	25

2.3.2 전화(휴대전화)조사의 시간계획표와 예산

조사 항목	시간	예산
조사의뢰자와의 면담 + 설문지의 초고 작성	2주	20
설문지의 사전조사	1주	15
표본의 크기 결정 및 표본 추출	2주	5
면접자를 위한 초기 표본 목록준비	1주	3
설문지 인쇄	1주	10
면접원 모집, 선발 및 교육	1주	15
전화(휴대전화)면접	2주	10
자료정리 + 컴퓨터에 자료입력	1주	2
자료분석 및 보고서 준비	2주	20

2.3.3 면접조사의 시간계획표와 예산

조 사 항 목	시간	예산
조사의뢰자와의 면담 + 설문지의 초고 작성	2주	15
설문지의 사전조사	1주	15
표본의 크기 결정 및 표본 추출	2주	10
표본 목록준비 + 설문지 인쇄	1주	10
면접원 모집, 선발 및 교육	2주	10
소개장 보내기 + 전화 확인	1주	5
개인 면접	3주	25
컴퓨터에 자료입력	1주	5
자료분석 및 보고서 준비	2주	15

2.3.4 인터넷조사(이메일조사)의 시간계획표와 예산

조 사 항 목	시간	예산
조사의뢰자와의 면담 + 설문지의 초고 작성	2주	15
설문지의 사전조사	1주	15
표본의 크기 결정 및 설문지 이메일 작성	1주	15
이메일 보내기	2주	20
이메일 수집	1주	15
컴퓨터에 자료입력	1주	5
자료분석 및 보고서 준비	2주	15

우리는 앞서 조사에 관련된 계획, 방법, 예산 등에 대해 알아보았다. 이는 조사계획과 표본 추출, 설문지 작성, 예비 조사, 면접원의 고용과 훈련, 자료 수집, 자료 분류, 자료 처리, 그리고 보고서 작성을 위한 준비과정, 예산, 조사방법 등이 포함되어 있었다. 그러나 여러 상황에 따른 조사의 특성으로 볼 때 반드시 이런 순서들이 일치되거나 똑같이 진행되지는 않는다. 하지만 그만큼의 철저한 준비가 조사의 정확도를 높인다는 점에서는 이런 순서의 과정을 잘 이용하여야 할 것으로 본다.

2.4 조사계획서 작성

2.4.1 조사목적을 정확히 기술

조사하고자 하는 목적을 정확히 기술하여 조사계획, 설문지 작성 등에 잘 반영이 되도록 한다.

(예시) 2.1절에서 단계1을 구체화

2.4.2 조사대상 선정

모집단을 명확히 정의하고 추출대장을 정하며 상황에 따른 표본 수를 결정한다. 또한 추출 방법, 추출일자 등을 기록한다.

(예시) 본 연구는 모집단을 A 대학교 재학생으로 하고 그 학생들 중 층화를 통하여 표본으로 200명을 ○년 ○월 ○일부터 ○년 ○월 ○일 사이에 추출하여 조사하고자 한다.

2.4.3 조사방법 기술

조사목적과 조사대상 선정에 근거하여 조사방법을 언급한다.

(예시) 본 연구는 면접조사(우편조사, 전화(휴대전화)조사, 인터넷조사)를 한다.

2.4.4 일정 및 예산

조사의 일정표와 예산에 대하여 언급한다.

(예시) 면접조사의 경우

[표 2.3] 계획표의 예

	1	2	3	4	5	6	7	8	9	10	11	12	13	14	15
조사의뢰자와의 면담 + 설문지의 초고 작성	■	■													
설문지의 사전조사			■	■											
표본의 크기 결정 및 표본 추출				■											
표본 목록준비 + 설문지 인쇄					■	■									
면접원 모집, 선발 및 교육							■	■							
소개장 보내기 + 전화 확인								■	■						
개인 면접										■	■	■			
컴퓨터에 자료입력												■	■		
자료분석 및 보고서 준비													■	■	■

PART

3

설문지 작성법

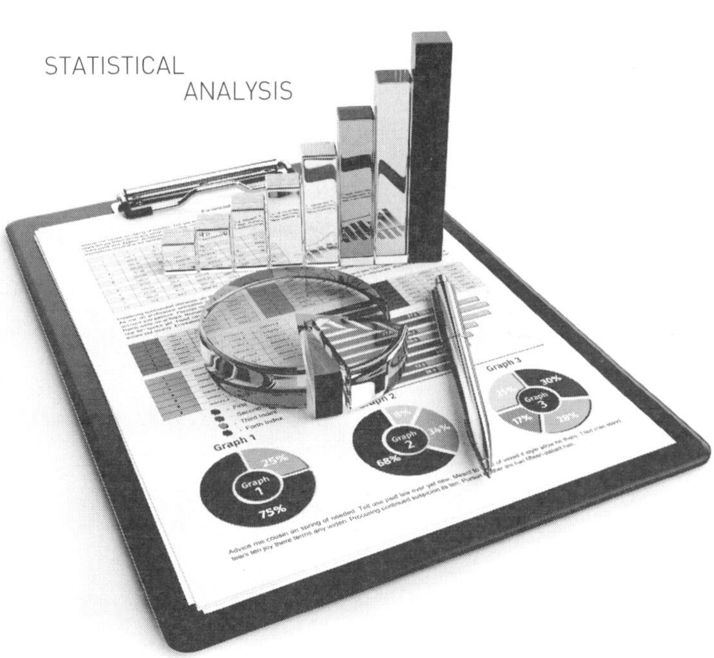

3.1 들어가기에 앞서

표본 추출 방법이 정해지고 표본 추출이 끝났으면 이제 그 표본에 대하여 설문지를 작성하여 그 결과를 얻을 차례가 된다. 그러기 위해서 설문지를 작성해야 하는데 우리나라 속담에 "콩 심은 데 콩 나고 팥 심은 데 팥 난다."라는 말에서 알 수 있듯이 뿌린 대로 거둔다는 것을 알아야 한다. 즉 어떻게 설문지를 작성하느냐에 따라 얻어지는 결과는 다를 수 있다는 말이다. 또 미국의 심리학자 Phil McGraw는 다음과 같이 말하였다. "The most you get is what you ask for." 이는 얻을 수 있는 대부분은 질문을 통해 얻어진다는 말이다.

물론 질문을 아무리 잘했다고 한들 응답자 또한 성의 없이 답하면 좋은 결과를 낼 수 없다. 따라서 응답자가 있는 사실 그대로를 쉽게 표현할 수 있도록 설문지를 잘 작성하는 게 무척 중요하다.

3.2 설문지 종류

3.2.1 선택형 질문(closed-ended question)

선택형 질문이란 말 그대로 대답 가능한 것들을 미리 설문지에 기입하여 응답자가 쉽게 고르게 하는 방법을 말한다. 즉 좋아하는 운동에 관한 질문을 할 경우 운동 종류(예를 들어 축구, 야구, 농구 등)를 미리 서술하여 고르도록 하는 방법을 말한다. 선택형 질문에는 두 가지 중 하나를 선택하는 이항선택형, 여러 가지 중 하나를 또는 그 이상을 선택하는 다항선택형, 다음으로 순위결정형 등이 있다.

1) 두 가지 중 하나를 선택하는 방법

이 경우는 말 그대로 두 가지 중 하나를 선택하는 방법이다.

• 당신의 성별은 무엇입니까? ① 남　② 여
• 당신은 결혼을 했습니까, 안 했습니까? ① 했다　② 안 했다
• 당신은 오전에 TV에서 술 광고를 방영하는 것에 찬성하십니까, 반대하십니까? ① 찬성　② 반대

2) 두 가지 이상 여러 항목 중 하나 또는 그 이상을 선택하는 방법

이 경우는 여러 개의 항목 중 하나 또는 둘 이상을 고르는 방법을 말한다.

• 당신의 거주방법은 무엇입니까?
① 자가　② 전세　③ 월세　④ 기타(　　)
• 당신이 좋아하는 운동을 모두 고르시오.
① 축구　② 농구　③ 배구　④ 야구　⑤ 아이스하키　⑥ 럭비　⑦ 볼링　⑧ 기타(　　)
• 당신은 현 정치권을 얼마나 신뢰하십니까? 적당한 번호를 고르시오.
매우 신뢰하지 않는다 ①　②　③　④　⑤　⑥　⑦ 매우 신뢰한다

3) 순위를 정하여 선택하는 방법

이 경우는 한 문항에 대해 응답자의 생각을 나열하여 볼 수 있는 방법으로 주어진 항목에 대해 순서대로 그 개수를 정하여 나열하는 방법이다.

• 다음 운동 중에 당신이 좋아하는 순서대로 3개만 고르시오.
① 축구　② 농구　③ 배구　④ 야구　⑤ 아이스하키　⑥ 럭비　⑦ 볼링　⑧ 기타(　　)
(　　) (　　) (　　)

이런 선택형 질문을 하기 위해서 응답자가 고를 수 있는 항목의 종류를 알아야 한다. 즉 그 항목들은 응답자가 자기의 생각을 나타낼 수 있는 어떤 측정 가능한 척도이어야 한다. 따라서 일반적인 척도의 종류는 명목척도, 순서척도, 구간척도, 비율척도로 나누고 있다.

㉠ 명목척도(nominal scale)

명목척도는 순서가 포함되지 않는 자료가 여러 가지 범주로 구분되어지는 것을 뜻한다. 따라서 서로 중복되지 아니하고 서로의 범주의 의미가 다른 것들을 의미한다. 예를 들면 종교와 같은 항목에서는 명목척도가 종교의 종류에 따라 기독교, 불교, 천

주교 등의 이름으로 각 범주가 나누어지는 것들을 알 수 있다. 그 외에 자동차 소유 여부(예, 아니오), 응답자의 학과(통계학과, 경제학과, 경영학과 등) 등이 명목척도의 예이다. 또한 순서와 의미 없는 임의로 부여된 숫자도 포함된다. 주민등록번호의 뒷자리 수나 운동선수의 등번호 같은 경우가 이에 속한다.

- 다음 6개 기업 중 가장 선호하는 기업은 어떤 기업입니까? 하나만 고르시오.
  ① 삼성 ② LG ③ SK ④ 현대 ⑤ 네이버 ⑥ 다음

㉡ 순서척도(ordinal scale)

순서척도는 측정 대상의 특성치나 속성에 따라 각 측정치의 등급이나, 순위(서열)를 부여하는 것이다. 따라서 순서척도에서는 범주 간에 또는 집단 간에 순위에 의한 비교가 가능하다. 앞의 예에서 "다음 운동 중에 당신이 좋아하는 순서대로 3개만 고르시오."에서 3가지의 운동, 또 대학의 학점(A, B, C, D, F), 대학의 학년(1학년, 2학년, 3학년, 4학년) 등 순서를 정할 수 있는 질문은 수없이 많다.

- 다음 6개 운동 중 당신이 선호하는 순서에 따라 표시하십시오.
  ① 축구 ② 야구 ③ 배구 ④ 족구 ⑤ 탁구 ⑥ 골프
  ( ) ( ) ( ) ( ) ( ) ( )

㉢ 구간척도(interval scale)

구간척도는 측정치 사이에 대한 차이가 의미 있는 순서가 되는 척도이다. 척도로는 온도, I.Q 등이 있다. 즉 예를 들면 '0℃'는 사전에 정의된 값이지 실제값이 아니다. 따라서 20℃는 10℃보다 10℃ 뜨겁다는 말은 할 수 있지만 20℃가 10℃보다 2배 뜨겁다는 말은 할 수 없다. 이런 이와 같이 구간만 의미가 있는 척도를 구간척도라 한다. I.Q도 같은 개념으로 구간척도가 된다.

- 당신은 현 정부의 정책에 대해 어떻게 생각하십니까?
  ① ② ③ ④ ⑤ ⑥ ⑦
  매우 잘하고 있다 -- 매우 못하고 있다

㉣ 비율척도(ratio scale)

예를 들어서 A기업 사원의 한 달 수입이 3,000,000원이고, B기업의 사원 수입이 1,500,000원이라 할 때 A기업 사원의 수입이 B기업의 사원 수입보다 2배 많다고 말할 수 있다. 이와 같이 비례의 의미를 두는 것을 **비율척도**라 한다.

• 당신의 몸무게는 얼마입니까? ( ) kg

이런 척도들을 항목으로 하는 선택형 질문의 장단점은 다음과 같다.

〈장점〉

1) 제시된 항목 중에서 자신에게 맞는 답을 선택하기 때문에 응답자 입장에서 부담을 느끼지 않고 편하게 답할 수 있다. 즉 많은 생각을 하지 않고 답하는 경우이므로 응답자가 부담이 없게 되고 응답시간도 빠르며 응답률도 높다.
2) 컴퓨터에 입력하여 분석하는 시간이 빠르다. 설문 자체가 주어진 항목에서 고르는 것이므로 설문마다 답이 숫자로 바로 나올 수 있어 컴퓨터에 직접 코딩과 입력을 할 수 있다.

〈단점〉

1) 설문지를 작성하는 응답자는 주어진 항목에서 고르는 문제이므로 주어진 항목에서만 대답하기가 쉽고 아무래도 질문이 많다 보면 고를 때 성의가 없을 수 있다.
2) 정확한 답을 선택하기보다는 비슷한 답을 선택하기 쉽다.

3.2.2 서술형 질문(open-ended question)

서술형 질문이란 질문에서 선택할 항목이 없이 응답자가 질문에 대한 자기의 생각 그대로를 자유롭게 서술하는 방법이다.

서술형 질문은 선택형 질문에서 얻기 힘든 질문 등에 주로 사용된다. 예를 들어 우리나라 가수 중 선호하는 가수를 알고 싶을 때 선택형 질문을 사용한다면 우리나라 모든 가수를 다 나열하여야 할 것이다. 그러나 그것은 불가능하다. 따라서 이 경우에는 응답자가 직접 서술하는 방법이 좋을 것이다. 이 뿐 아니라 어떤 단체나 사람에게 바라고 싶은 막연한 질문과 같은 경우에도 서술형 질문을 사용하는 게 좋다. 이러한 서술형 질문의 장단점은 다음과 같다.

〈장점〉

1) 주어진 항목에서 자기의 생각을 고르는 선택형 질문보다 자기의 생각을 직접 쓰는 서술형 질문이 응답자의 생각을 좀 더 명확히 알 수 있다.
2) 앞에서도 언급한 것처럼 많은 항목을 일일이 나열하는 것보다 직접 쓰게 하는 것이 더 효과적일 수 있다.

〈단점〉

1) 응답자가 일일이 직접 써야하는 번거로움 때문에 응답자 입장에서 귀찮은 생각에 아예 대답을 하지 않는 경우가 많다. 따라서 너무 많은 서술형 질문은 조사 자체를 부실하게 할 수가 있다. 일반적으로 선택형 질문 5~10문항에 1~2문항을 서술형 질문으로 사용하면 적절하겠다.
2) 응답자가 설문지를 작성하는 순간 기억나는 것만 적을 수 있다.
3) 생각의 단서가 없기 때문에 오히려 선택형 질문보다 못할 수 있다.

[표 3.1] **선택형과 서술형의 질문결과 비교(Schuman & Presser,1979)**

직업을 통해 얻고자 하는 것			
선택형(n=460)		서술형(n=436)	
높은 수입	12.4	보수	11.5
정리해고 위험 No	7.2	안정성	6.7
짧은 근무시간	3.0	짧은 근무시간	0.9
자기개발 기회	17.2	승진기회	1.8
성취감	59.1	자극, 도전, 성취	21.8
모름 무응답	1.1	즐길 수 있는 일	15.4
		업무통제력	14.9
		그냥 좋음	17.0
		모름 무응답	4.1
		기타	6.5

3.3 설문지 작성요령

일반적인 설문조사의 오차 원인으로 표본 추출과 면접원들의 문제 등이 알려져 있다. 그러나 덜 알려져 있는 요인으로는 설문지의 문제와 응답자의 태도, 응답자와 설문지 간의 상호작용이 있다. 따라서 이런 것들을 다 고려하여 설문지를 작성하여야 하므로 설문지를 작성하기란 보기보다는 무척 어렵다. 이 설문지를 어떻게 작성하느냐에 따라 정말 형편없는 조사가 될 수도 있고 한편으로는 정확한 정보를 얻는 조사가 될 수도 있다. 때에 따라서는 설문지의 작성 여부에 따라 정책이나 생각이 완전히 뒤바뀌는 경우 또한 적지 않다. 그만큼 편견이 없는 훌륭한 설문지를 만든다는 것은 매우 어려운 일이다. 특히 단어 한 개, 문장 한 줄에 따라 응답률이 달라진다는 것을 생각하면 보통 힘든 작업이 아닐 수 없다. 따라서 구체적인 것은 전문서적을 참조하고 여기서는 간단한 설문지 작성 요령에 대해 언급하기로 한다. 그러나 먼저 좋은 질문이 무엇인지 알아보고 그 다음으로 구체적인 설문지 작성 요령에 대해 알아보기로 한다.

먼저 좋은 질문이란 다음과 같은 경우라 할 수 있다.

① 연구자가 의도한 대로 모든 응답자들이 동일하게 이해하는 질문을 만들어야 한다.

② 모든 질문에 대해 응답자들이 동일하게, 일관되게 이해를 할 수 있어야 한다.

③ 응답자가 이해한 대로 응답을 할 수 있도록 질문이 만들어져야 한다.

④ 대답에 대한 질문을 응답자 본인이 알고 있어야 한다.

⑤ 응답자가 대답하는 적절한 답들이 반드시 있어야 한다.

구체적인 설문지 작성법은 다음과 같다.

① 먼저 조사목적을 정확히 알고 있어야 한다.

모든 질문은 이 조사목적을 근거해서 만들어져야 한다. 조사의뢰자가 돈과 시간을 투자해서 얻고자 하는 목적을 조사자는 분명히 알아야 좋은 설문지를 작성하게 된다. 항상 이 조사목적을 염두에 두고 설문지를 만들어야 한다. 의뢰자의 조사목적과 설문

작성 간에 차이가 존재할 수 있다. 이 차이를 좁히는 것이 기본이다.

② 간단하게 질문하되 균형 잡히게 질문한다.

질문이 너무 복잡하고 장황하게 설명하면 묻고자 하는 의도를 놓치기가 쉽고 한쪽을 강조하는 듯한 질문을 하면 한쪽으로 치우칠 수가 있다.

- 당신은 A정당을 B정당보다 선호하십니까?

수정안 ⇒ • 당신은 A정당과 B정당 중에 어느 정당을 선호하십니까?

또 다른 편향된 질문

- 정부 일각에서는 A정책에 대해 B해서 찬성합니다. 귀하의 생각은 어떠십니까?

수정안 ⇒ • 정부 일각에서는 A정책에 대해 B해서 찬성하고 다른 일각에서는 C해서 반대합니다. 귀하의 생각은 어떠십니까?

③ 설문지의 한 질문이 너무 길지 않도록 하고 설문지 전체의 질문이 너무 많지 않도록 한다.

한 질문에서는 한 질문만 간결하게 하여야 한다. 한 질문이 길면 질문의 의도 파악이 어려울 때가 있다. 또 조사방법에 따라 다르긴 하지만 전체 질문의 수와 응답률과는 반비례한다. 따라서 질문이 너무 적으면 원하는 결과를 충분히 얻을 수 없지만, 또 너무 많으면 응답률이 떨어진다. 또 문장이 길면 그것이 중요하다고 생각하기 쉽다. 그러나 어려운 질문은 경우에 따라 예외적으로 이해를 돕기 위해 길어질 수 있다.

④ 응답 방법과 항목선택개수를 정확히 알린다.

문항마다 한 개의 답을 원할 수도 있지만, 때에 따라서는 두 개 이상의 답을 원할 때가 있다. 이 경우 문제 앞에 정확히 대답 개수, 즉 대답해야 할 항목의 개수를 정확히 알려주어야 한다.

⑤ 모호한 질문은 피한다.

'최근 몇 년간' 등과 같은 어휘는 그에 대한 정의가 불분명하여 응답자로 하여금 혼동을 유발시킬 수 있으므로 질문의 앞부분에서 미리 정의 내려야 한다(구체적으로 지난 1년 동안 또는 2021년 1월 1일부터 2021년 12월 31일까지 등).

• 당신은 하루에 담배를 어느 정도 피우십니까?
① 매우 많이 피운다 ② 많이 피운다 ③ 보통이다 ④ 적게 피운다 ⑤ 안 피운다

수정안 ⇒

• 당신은 지난 3개월 동안 하루 평균 어느 정도의 담배를 피우셨습니까?
① 한 갑 이상 ② 한 갑 미만~10개비 이상 ③ 10개비 미만~5개비 이상
④ 5개비 미만~1개비 이상 ⑤ 안 피운다

• 당신은 지난주에 영화를 본 적이 있습니까?

여기서의 의도는 극장에서 영화를 본 적이 있느냐는 질문인데 때에 따라서는 집에서 비디오를 보고 극장에서 영화를 본 것처럼 대답할 수가 있다. 이 경우는 아예 '극장에 간 적이 있나'라고 묻는 것이 합리적일 것이다.

• 당신은 지금의 생활에 만족하십니까?
① 예 ② 아니오

이런 질문은 질문자는 가정생활의 만족도를 묻는 질문인데 응답자는 가정생활의 만족도를 묻는 질문인지 아니면 직장생활의 만족도를 묻는 질문인지 확실하지 않을 수 있다. 즉 가정생활과 직장생활에 둘 다 만족을 느끼거나 그렇지 않으면 다행인데 한쪽에는 만족을 느끼고 다른 한쪽에는 못 느낄 경우 문제가 발생한다.

• 당신의 체형은 어떠하다고 생각하십니까?

이 질문은 막연한 질문이 될 수 있기 때문에 평가 기준이 주어져야 한다. 예를 들

어 체질량지수(BMI) 계산기(현재 체중(kg)/신장의 제곱(m^2)와 비교하여 등등으로 기준을 제시하여야 한다.

• 평소에 운동을 하십니까?

수정안 ⇒ • 1회 20분 이상 땀나는 정도의 운동을 하십니까?

이 질문은 운동이라는 개념을 사람마다 달리 생각할 수 있다. 즉 이동을 위해 걷는 것과 같은 것도 운동이라 생각할 수 있으므로 명확한 운동 기준이 필요하다.

⑥ 이중질문은 피한다.

• 당신은 병원에 있는 동안 진료에 대한 시간과 의사들의 친절에 만족하십니까?

이 경우는 진료시간과 의사들의 친절 두 가지를 동시에 묻고 있다. 하나는 만족하지만 다른 하나는 만족하지 않는 경우가 발생할 수 있으므로 이때는 두 질문으로 나누어서 물어야 한다.

⑦ 전체적인 흐름을 생각하여야 한다.

설문지의 순서는 어느 정도 응답자가 예견하고 있어야 한다. 즉 질문들이 어떤 순서 없이 마구잡이식으로 나열되어 있으면 응답하는 입장에서 귀찮게 되어 생각 없이 대답할 수가 있다. 따라서 제목에 따른 질문의 순서 또 소제목에 따른 질문의 순서가 잘 나열되어 있어야 한다. 또한 앞의 질문이 다음 질문에 영향을 받기 때문에 공평성을 유지해야 한다.

1. 일정한 흐름을 갖도록 한다.
   • 일반적인 상황에서 구체적인 사항으로
   • 쉬운 질문에서 어려운 질문으로(Payne, 1951). 그러나 연구자에게는 쉬운 질문도 응답자에게는 어려울 수 있으니 주의(Belson, 1981).

• 시간의 흐름에 따라

2. 첫 질문은 모든 응답자에게 해당하는 쉬운 질문으로 흥미를 유발할 수 있는 질문을 하라.
3. 단계적 질문을 이용하라.

일반적인 관심

• FTA에 대해 들어보았습니까?

일반적인 인식

• FTA에 대한 당신의 견해는 무엇입니까?

세부주제에 대한 찬반

• 농업 분야를 개방하는 것에 대해 어떻게 생각하십니까?

주제 찬반의 이유

• 찬성/반대하면 그 이유는 무엇입니까?

주제의 찬반 정도

• 당신은 농업 분야의 개방에 대해 어느 정도 찬성/반대하십니까?

⑧ 유도 질문을 피한다.

• 많은 의사들은 운동이 최선의 건강을 지키는 방법이라고 말을 합니다. 이 말에 동의하십니까?

• 노후 생활에 대한 준비가 있느냐에 대한 질문이 있고 난 후 저축을 늘려야 한다고 생각하십니까?

⑨ 선택질문에서 선택항목을 적절히 사용한다.

나열항목의 응답 기준이 명확하게 하는 것이 좋다. 다음과 같은 질문에 대한 항목을 선택한다고 생각해보자(한국조사연구학회, 2006).

- 담배를 피우게 된 동기는 무엇입니까?
  ① 호기심으로/재미있을 것 같아서
  ② 스트레스 해소/기분이 좋을 것 같아서
  ③ 아버지나 어른들이 피워보라 해서
  ④ 친구/선배/형/누나/언니가 피워보라 해서
  ⑤ 선생님이나 부모님에 대한 반항심에
  ⑥ 친구들과 어울리고 싶어서
  ⑦ 몸무게를 줄이려고
  ⑧ 이성 친구에게 잘 보이려고

이는 한 질문에 대해 많은 다양한 항목이 존재할 수 있다. 그래서 다음과 같이 수정하면 좀 더 정확한 결과를 얻을 수 있다.

- 처음 담배를 피울 때 누구의 권유를 받았습니까?
  ① 아버지나 어른들
  ② 친구/선배/형/누나/언니

- 누구와의 관계 때문에 담배를 피우게 됐습니까?
  ① 선생님이나 부모님에 대한 반항심에
  ② 친구들과 어울리고 싶어서
  ③ 이성 친구에게 잘 보이려고

- 어떤 목적 때문에 담배를 피우게 됐습니까?
  ① 호기심
  ② 스트레스 해소
  ③ 몸무게를 줄이려고

또 선택형 질문에 따라서는 아무리 항목을 많이 나열했다 하더라도 만에 하나 응답자가 원하는 항목이 빠질 수가 있다. 그 경우를 대비하여 항상 기타란을 마련한다.

⑩ 응답자가 당황하거나 기분 나쁜 용어를 자제한다.

여성의 경우 여성을 비하하는 것과 같은 질문이 포함되어 있으면 조사에 거부감을 느낄 수 있다. 따라서 종교, 사는 지역 등에 관련된 상대방의 기분을 나쁘게 하는 용어를 써서는 안 된다.

⑪ 적절한 수준의 용어를 사용한다.

조사대상이 누구냐에 따라 조사 용어와 어휘가 결정되지만 가능한 한 쉬운 용어와 정확한 어휘력을 사용하여 읽는 사람으로 하여금 부담이 없게 하여야 한다. 어려운 용어는 응답자에게 위화감을 주고 잘 모른다에 많이 대답한다. 어려운 용어를 사용하면 마지막 선택지를 고르게 된다(Payne, 1955). 조사자는 쉽지만 응답자에게는 어려울 수 있다(Belson, 1981).

- Do you think TV programs are impartial about politics?
  56명 중 25명은 impartial을 이해
  10명은 그 단어를 무시
  9명은 정치에 할애하는 시간으로
  5명은 반대의 뜻으로
  2명은 정치에 할애하는 시간이 너무 없느냐고 해석
  5명은 전혀 해석을 못 함
  (impartial: 공정한, 공평한)

⑫ 여과형 질문을 이용한다.

- 당신은 결혼을 하셨습니까? 안 하셨습니까?
  ① 했다 ------------- 질문 11)로
  ② 안 했다 ------------- 질문 14)로

또 '모르겠음', '생각해본 적이 없음' 등의 항목을 사용하여 다른 형식의 여과형 질문을 사용할 수 있다.

〈HIV감염경로 응답률 비교〉

	키스	변기	악수	물잔	모기
2003년	50.7	72.1	94.7	65.0	51.1
2005년	48.4	61.7	88.7	59.5	40.9

2005년에는 조사에 '모르겠음'이라는 필터를 사용하였다(에이즈에 대한 지식, 태도, 신념 및 행태조사, 2005).

⑬ 응답자가 정보를 알고 있는지를 확인한 후에 그 정보에 대하여 정확히 묻는 게 좋다.

• A라는 기계가 우리 회사에 긍정적인 효과를 가져올 수 있다고 보십니까?

위와 같은 질문보다는

• 우리 회사에 A라는 기계를 도입한 사실을 알고 계십니까?
  ① 알고 있다 ----- 질문 2)로
  ② 모르고 있다 ---- 질문 3)으로
• ①번 답한 분들만 - 그러면 A 기계 도입이 우리 회사에 긍정적인 효과를 가져올 수 있다고 보십니까?

⑭ 예민한 질문에 대한 직접적인 질문은 피한다.

술, 담배와 관련된 질문, 성적인 질문 등 대답하기 곤란한 질문은 직접적으로 질문하지 말고 다른 대안을 찾아보도록 애를 쓴다.

• 당신은 지난 대통령선거에 투표를 하셨습니까?

위의 질문에 안 했다고 대답하기에는 좀 꺼림칙할 수 있다. 왜냐하면 대통령 선거 전에 신성한 투표권을 행사하자고 광고를 많이 하기 때문에 투표를 안 했다는 것은 좀 창피할 수도 있을 것이다. 그러나 다음과 같은 질문으로 바꾸면 좀 더 정확한 대답을 얻을 수 있을 것이다.

• 지난 겨울 대통령선거가 있었습니다. 그러나 개인사정상 많은 사람들이 바쁘고, 아픈 이유로 투표를 하지 못하였습니다. 당신은 지난 겨울 대통령선거에 투표하셨습니까?

예민한 질문 처리방법으로 다음과 같은 방법이 있다.

1) 가볍게, 일상적으로 접근한다.

2) 일탈에 대한 비판을 줄이는 방법을 사용한다.

3) 익명을 요구한다.

4) 심리적인 반감을 줄이도록 한다.

5) 지나치게 세분화되는 질문은 피한다.

6) 예민한 질문은 뒤에 배치한다.

⑮ 척도 문항을 적절히 사용한다.

• 당신은 A회사의 사후관리(AS)에 대하여 어느 정도 만족하십니까?
매우 만족한다 ① ② ③ ④ ⑤ 매우 불만이다

척도의 개수(위의 경우는 5개)는 결론을 내리는 데 큰 영향을 미치지 못하는 것으로 알려져 있다. 그렇지만 좀 더 자세하게 결과를 알고 싶다면 항목이 많을 수로 좋을 것이고 또 척도의 개수가 홀수냐 짝수냐에 따라 조금 차이가 있을 수 있는데 홀수는 생각 없이 중간값을 택하는 경우가 많은 반면, 짝수는 응답자가 의무적으로 좋은 쪽으로 가든 나쁜 쪽으로 가든 반드시 어느 한쪽으로는 결론을 내린다는 면에서 장점이자 단점을 가지고 있다. 일반적으로 국내에서는 5점 척도가 가장 많이 사용되며 그 다음으로 7점 척도가 많이 사용되고 있는 것으로 나타났다.

⑯ 지나치게 상세한 요구는 피한다.

지나치게 상세한 요구는 상대방을 고민하게 만들고 그로 인해 반감이 일어날 수 있다.

• 당신의 한 달 수입을 만 원 단위까지 말씀해 주십시오.
(만 원)

⑰ 기타 설문 관련 차이에 대한 사례

1. ▷ 당신은 현 정치권을 얼마나 신뢰하십니까? 적당한 번호를 고르시오.
매우 신뢰하지 않는다 ① ② ③ ④ ⑤ ⑥ ⑦ 매우 신뢰한다
▶ 당신은 현 정치권을 얼마나 신뢰하십니까? 적당한 번호를 고르시오.
매우 신뢰한다 ① ② ③ ④ ⑤ ⑥ ⑦ 매우 신뢰하지 않는다

2. ▷ 당신은 현 정부의 정책에 만족하십니까?

① 그렇다　　　　　　　② 아니다

▶ 당신은 현 정부의 정책에 만족합니까? 만족하지 않습니까?

① 만족한다　　　　　　② 만족하지 않는다

▷ 당신은 현 정부의 정책에 만족하지 않습니까? 만족합니까?

① 만족하지 않는다　　② 만족한다

3. ▷ 정부는 실업자에게 돈을 너무 적게 쓰고 있다. 그렇다.

▶ 정부는 직업이 없는 가난한 사람들을 돕는 일에 돈을 너무 적게 쓰고 있다.

4. ▷ 정부가 국가보안법을 '유지'해야 한다고 생각하십니까?

▶ 정부가 국가보안법을 '폐지'해야 한다고 생각하십니까? 아니다.

5. ▷ 미국이 다른 나라들의 문제에 '간섭'하는 데 찬성하십니까? 반대하십니까?

▶ 미국이 다른 나라들의 문제에 '조언'하는 데 찬성하십니까? 반대하십니까?

6. ▷ 정부가 '기업'을 규제해야 한다고 생각하십니까? 그렇다.

▶ 정부가 '거대기업'을 규제해야 한다고 생각하십니까? 그렇다.

3.4 설문지에 대한 평가들

[Belson(1981), Converse & Presser(1986), 한국조사연구학회(2006)]

① 두 질문을 한 번에 물을 경우

② 어려운 단어나 친숙하지 않은 단어를 사용하는 경우

③ 조건문, 가정문 등이 사용될 경우

④ 부정적인 요소로 가진 질문들인 경우

⑤ 너무 긴 질문을 사용하는 경우

⑥ 현재와 과거시제를 모두 포함한 질문일 경우

⑦ 단수와 복수가 함께 사용되는 질문일 경우

⑧ 응답자를 불편하게 만드는 질문일 경우

⑨ 반복하여 질문한 문항들은 있는 경우

⑩ 응답자가 질문을 오해할 여지가 있는 경우

3.5 설문지의 기재 사항

조사방법에 따라 설문지에 기록되어야 할 내용이 조금 달라질 수 있지만 먼저 첫 면에는 조사에 대한 안내가 필요하다. 즉 조사제목, 조사목적, 조사기관, 조사목적에만 자료를 이용하겠다는 내용 등 조사에 관한 간단한 소개가 있어야 한다. 우편조사의 경우 반송날짜 등이 추가될 수 있을 것이다.

설문지에서는 설문지 문항에 대한 선택 개수와 문항 선택방법 등이 있을 수가 있겠다. 마지막으로 고맙다는 인사말 또한 잊지 말아야 할 것이다.

설문지에 관한 자세한 것은 유영호(1994), Oppenheim(1992), Tanur(1992), 그리고 Schwarz & Sudman(1996)을 참조하여라.

3.6 사전조사

2.1절에서 8단계에서 언급했지만 사전조사는 본 조사에 들어가기에 앞서 표본의 크기보다 적은 선(보통 50~100명)에서 사전에 조사를 하는 방법으로 설문조사의 경우 반드시 거쳐야 할 단계이다. 이 과정을 통해 전반적인 문제를 파악할 수가 있다.

먼저 설문지 작성에 대한 문제점을 발견할 수 있다. 의미가 명확하지 않은 질문, 중복되는 질문, 질문에 대한 답이 애매한 질문, 용어의 불명확한 것 등을 발견할 수가 있다. 또 서술형 질문을 선택형 질문으로 바꾸는 데도 필요하다.

그리고 조사단계에서 발생할 수 있는 문제를 예측할 수 있다. 예를 들어 컴퓨터 코딩 관련 문제를 이 사전조사를 통해 발견할 수 있다. 그래도 가장 큰 사전조사의 목적은 본 조사의 결과를 어느 정도 예측할 수 있다는 점이다.

3.7 설문지 디자인

설문지를 처음 받아본 순간 외형이 보기 좋으면 비표본오차를 감소시키며 응답자의 성의 있는 대답을 기대할 수 있다.

주의해야 할 내용
- 외형 디자인
- 글씨 크기
- 문항 간의 간격
- 항목 배열

좋지 않은 설문지 외형
- 양면인쇄
- 작은 글씨
- 옆으로 긴 형태
- 큰 종이
- 질 낮은 종이

3.8 설문지의 예

〈면접조사의 경우〉

외모가 취업에 미치는 영향에 대한 인식 조사
(A대학생 대상)

안녕하십니까? 대학생 여러분

현 사회에서 외모로 인한 차별이 심각해지고 있습니다. 외모지상주의로 인해 현 인원들의 평균 자존감 하락, 거식증, 성형 중독 등의 많은 문제가 대두되고 있고 사회적으로 큰 이슈가 되고 있습니다.

본 조사는 외모 차별 문제 중 취업에서 외모로 인한 차별을 받는 문제에 대해 중점적으로 조사해보려고 합니다. 현 사회에서 사람을 평가 및 판단할 시에 외모의 비중이 얼마나 중점적으로 생각하는지에 대해 인지하고 뒤돌아보게 되는 계기가 되었으면 합니다.

본 설문지는 총 33문항으로 5분 정도가 소요될 것입니다. 귀하의 솔직한 의견은 오로지 통계분석의 목적으로만 쓰여질 것입니다. 즉, 귀하 개인의 신분이나 의견은 그 누구에게도 노출되지 않을 것입니다(통계법 제33조 비밀의 보호에 의거).

감사합니다.

* 외모지상주의란?
외모를 인생을 살아가거나 성공하는 데 제일 주요한 것으로 보는 사고방식

♠ 다음은 귀하의 인적사항에 대한 문항입니다. (Q1.-3.)

Q1. 귀하의 **성별**은 무엇입니까? ① 남성 ② 여성

Q2. 귀하의 현재 **나이**가 어떻게 되십니까? 만 ( ) 세

Q3. 귀하의 **소속대학**은 어떻게 되십니까?
① 공과대학 ② 인문대학 ③ 사회과학대학 ④ 자연대학 ⑤ 예체능대학

♠ 다음은 취업에 관한 문항입니다. (Q4.-16.)

Q4. 귀하가 취업시 희망하는 **초임 월급**은 얼마입니까?
( ) 만 원

Q5. 귀하께서 인턴이나 회사에 다녔던 경험이 있으십니까? (회사: 상시근로자 50인 이상의 사업체)
① 예 ② 아니요

Q6. 귀하가 취업하고 싶은 분야의 **직종**은 무엇입니까?
① 관리직 ② 경영, 회계, 사무직 ③ 연구관련직 ④ 법률, 경찰, 소방, 교도 관련직
⑤ 보건, 의료 관련직 ⑥ 사회, 복지, 종교 관련직 ⑦ 문화, 예술, 디자인, 방송 관련직
⑧ 영업판매 관련직 ⑨ 음식 서비스 관련직 ⑩ 건설 관련직 ⑪ 미용, 여행, 스포츠, 오락 관련직
⑫ 기계 관련직 ⑬ 섬유, 의복 관련직 ⑭ 전기, 전자 관련직 ⑮ 식품가공 관련직
⑯ 정보통신 관련직 ⑰ 공예, 생산 관련직

Q7. 취업 시 **회사 선정**에 있어, 귀하께서는 아래의 항목들을 얼마큼 중요하게 생각하십니까?

<table>
<tr><td>1. 사내복지</td><td rowspan="5">전혀 중요하지 않다</td><td>①</td><td>②</td><td>③</td><td>④</td><td>⑤</td><td rowspan="5">매우 중요하다</td></tr>
<tr><td>2. 조직문화</td><td>①</td><td>②</td><td>③</td><td>④</td><td>⑤</td></tr>
<tr><td>3. 급여</td><td>①</td><td>②</td><td>③</td><td>④</td><td>⑤</td></tr>
<tr><td>4. 승진기회</td><td>①</td><td>②</td><td>③</td><td>④</td><td>⑤</td></tr>
<tr><td>5. 경력개발</td><td>①</td><td>②</td><td>③</td><td>④</td><td>⑤</td></tr>
</table>

Q8. 귀하가 취업을 희망하는 회사에 대한 **사내 문화**에 대해 찾아보신 경험이 있으십니까?

① 예　　　② 아니오

Q9. 귀하가 취업을 원하는 분야에 필요 **최소 자격증의 개수**는 몇 개입니까?

(　　　　　) 개

Q10. 귀하의 최근 2년 내 **정규 토익 최고점**은 몇 점입니까?

① 본적이 없다　② (　　　　　) 점

Q11. 귀하가 회화를 할 수 있는 **제2외국어가** 있다면 몇 개입니까?

① 없다　　　② (　　　) 개

Q12. 귀하가 **입상한 대회**가 있다면 몇 번입니까? (공모전 및 경진대회 모든 수상기록)

① 없다　　　② (　　　) 번

Q13. **면접을 준비한다면**, 귀하께서는 아래의 항목들을 얼마큼 중요하게 생각하십니까?

<table>
<tr><td>1. 태도</td><td rowspan="5">전혀 중요하지 않다</td><td>①</td><td>②</td><td>③</td><td>④</td><td>⑤</td><td rowspan="5">매우 중요하다</td></tr>
<tr><td>2. 메이크업</td><td>①</td><td>②</td><td>③</td><td>④</td><td>⑤</td></tr>
<tr><td>3. 말투</td><td>①</td><td>②</td><td>③</td><td>④</td><td>⑤</td></tr>
<tr><td>4. 분위기</td><td>①</td><td>②</td><td>③</td><td>④</td><td>⑤</td></tr>
<tr><td>5. 마음가짐</td><td>①</td><td>②</td><td>③</td><td>④</td><td>⑤</td></tr>
</table>

Q14. 귀하는 사회에서 **취업성형**이라는 신조어가 생겨 난 사실을 알고 계십니까?

① 예 ② 아니오(16번으로 이동하세요)

Q15. 귀하는 취업성형을 하실 의향이 있습니까?

① 매우 아니다　② 아니다　③ 보통　④ 그렇다　⑤ 매우 그렇다

Q16. 혹시 귀하가 특정 분야의 면접관이라 가정하에, 면접을 보러온 면접생의 스펙을 제외한 **다른 면들에 대한 중요도**는 어떻게 됩니까?

<table>
<tr><td>1. 혈연, 지연</td><td rowspan="5">전혀 중요하지 않다</td><td>①</td><td>②</td><td>③</td><td>④</td><td>⑤</td><td rowspan="5">매우 중요하다</td></tr>
<tr><td>2. 인성</td><td>①</td><td>②</td><td>③</td><td>④</td><td>⑤</td></tr>
<tr><td>3. 외모</td><td>①</td><td>②</td><td>③</td><td>④</td><td>⑤</td></tr>
<tr><td>4. 목소리&분위기</td><td>①</td><td>②</td><td>③</td><td>④</td><td>⑤</td></tr>
<tr><td>5. 태도</td><td>①</td><td>②</td><td>③</td><td>④</td><td>⑤</td></tr>
</table>

♠ 다음은 외모에 관한 문항입니다. (Q17.-32.)

Q17. 당신의 키는 몇 cm입니까?
( ) cm

Q18. 당신의 몸무게는 몇 kg입니까?
( ) kg

Q19. 귀하의 **외모에 점수**를 준다면 몇 점이십니까? (1~10점, 소수점 제외)
( ) 점

Q20. 귀하가 생각하는 '**외모**'의 정의에 가장 가까운 보기는 무엇입니까?
① 얼굴 ② 몸매 ③ 분위기 ④ 인성 ⑤ 기타( )

Q21. 귀하의 외모에 **콤플렉스**가 있으십니까? (있다면 어디인지 적어주세요)
① 예( ) ② 아니오(23번 문항으로 이동하세요)

Q22. 귀하가 생각하는 **콤플렉스의 심각성**은 어느 정도입니까?
① 의식하지 않는다 ② 조금 의식 한다 ③ 의식 한다 ④ 매우 의식 한다 ⑤ 고치고 싶다

Q23. 귀하는 취업사진을 찍는다면(었다면) **포토샵**을 하실 예정입니까?
① 예 ② 아니오(25번 문항으로 이동하세요)

Q24. 귀하는 포토샵을 하면 **취업에 도움이 될** 것 같다고 생각하십니까?
① 매우 아니다 ② 아니다 ③ 보통 ④ 그렇다 ⑤ 매우 그렇다

Q25. 귀하는 성형 경험이 있으십니까?
① 예 ② 아니오(27번 문항으로 이동하세요)

Q26. 귀하가 성형을 하게 된 **계기**는 어떻게 되십니까?
① 미용 목적 ② 치료 목적 ③ 취업 목적 ④ 연애 목적 ⑤ 기타

Q27. 현재 **외모지상주의**가 더욱 심해지고 있습니다. 이 부분에 대해 어떻게 생각하십니까?
① 못 느낀다 ② 조금 못 느낀다 ③ 보통 ④ 조금 심각하다고 느낀다 ⑤ 심각하다

Q28. 만약 상황을 가정해보겠습니다.

귀하와 정말 미모가 훌륭한 사람이 같이 면접을 보게 된 상황입니다. 귀하와 미모의 면접생의 스펙은 거의 동일합니다. 그러나 귀하는 불합격을, 그 면접생은 합격 통보를 받았습니다.
이에 대한 귀하의 생각은 어떠하십니까?

① 외모 차별문제이다 ② 다른 요인들로 인해 자신이 떨어졌다 ③ 기타( )

Q29. 만약을 취업성형을 한다면 **입사 경쟁 시 우위**를 점할 수 있다고 생각하십니까?
① 매우 아니다 ② 아니다 ③ 보통 ④ 그렇다 ⑤ 매우 그렇다

Q30. 외모차별을 완화할 가장 **효율적인 방안**을 적어주세요.
ex. 블라인드면접, NCS(직무표준화 역량강화), 이력서 사진 미부착
( )

Q31. 위 방안들로 취업 시 **외모 차별 문제를 완화**할 수 있다고 보십니까?
① 매우 아니다 ② 아니다 ③ 보통 ④ 그렇다 ⑤ 매우 그렇다

Q32. 현재 대기업 중 몇 곳에서는 블라인드면접을 통해 스펙에 대한 선입견을 완화시키는 방법이나 이력서에 이름, 성별, 나이 외에 다른 사항은 적지 않고 시험이나 과제 제시를 통해 일 처리 방식을 보는 면접을 하고 있습니다.
이런 방법들에 대해서 어떻게 생각하십니까?
① 전혀 도움이 안 된다 ② 도움이 안 된다 ③ 보통 ④ 조금 도움이 된다 ⑤ 매우 도움이 된다

PART

4

척도의 종류, 타당도 그리고 신뢰도

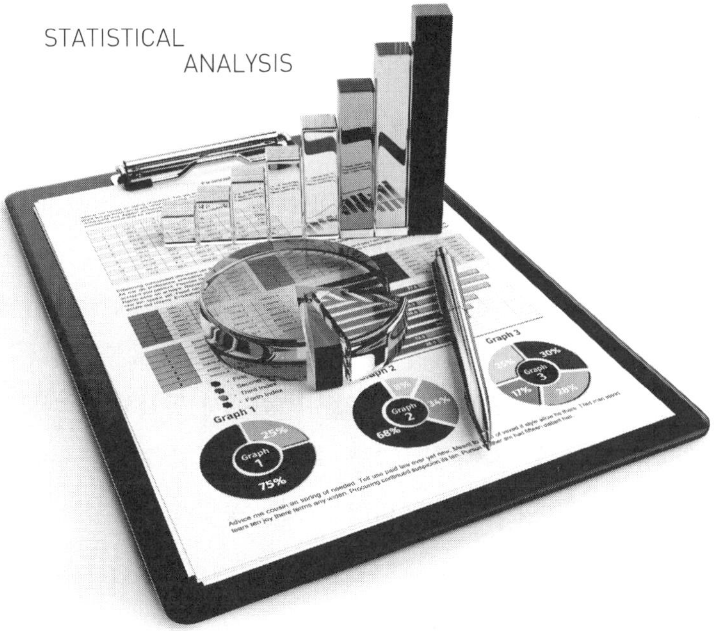

4.1 척도의 형태

제3장에서는 척도의 종류에 대하여 4가지를 언급하였다. 여기서는 척도의 형태에 따른 특징을 언급하고자 한다.

4.1.1 등급척도(rating scale)

앞장에서 잠시 언급이 있었는데, **등급척도**란 척도점이 일직선상에 배열된 척도로, 배열된 척도 중의 하나를 고르는 척도가 된다. 척도 항목에 따라 단일항목과 복수항목으로 등급척도를 나눈다.

① 단일항목척도

어떤 한 질문에 대한 개념 정도를 알아내기 위한 항목을 선택하는 경우이다. 다음이 그 예이다.

- 당신은 현 정부에 대해 얼마나 신뢰하십니까? 적당한 번호를 고르시오.
  매우 신뢰한다 ① ② ③ ④ ⑤ ⑥ ⑦ 매우 신뢰하지 않는다

② 복수항목척도

복수항목척도는 한 개념에 대해 여러 질문을 함으로써 각 개념에 대한 여러 질문을 합산하여 그 개념의 의미를 측정하는 척도이다. 복수항목척도에는 리커트척도와 서스톤척도가 있다.

- **리커트척도(Likert summated scale)**

리커트척도는 여러 개의 질문에 대한 응답자의 반응을 측정하여 그 질문을 합산함으로써 전체적인 응답자의 특성을 파악하기 위한 척도이다. 여기서 질문척도의 수는 모두 같아야 하며 질문척도의 개념이 모든 사람에게 동일하게 적용되어야 한다. 즉 '매우 동의한다'와 '보통' 사이에는 그냥 '동의한다'라고 표현할 수도 있지만 '동의하는 편이다'라고도 표현할 수 있다. 따라서 모든 응답자가 동일하게 적용될 수 있는

질문을 써야 한다.

• 국가정책을 묻는 질문에 대해
당신은 현 대통령의 다음의 정책 수행능력이 어떠하다고 생각하십니까? 적당한 번호를 고르시오.

① 경제문제	매우 잘한다	①	②	③	④	⑤	⑥	⑦	매우 못한다
② 국내치안	매우 잘한다	①	②	③	④	⑤	⑥	⑦	매우 못한다
③ 외교문제	매우 잘한다	①	②	③	④	⑤	⑥	⑦	매우 못한다

• 서스톤척도(Thuston equal-appeal interval scale)

리커드척도와 달리 동일한 간격으로 표시할 수 없는, 명확한 근거가 없는 측정자료를 위해 서스톤척도가 개발되었다. 서스톤척도는 여러 가지 문항으로 구성되어 있는 각 문항마다 특정값이 부여된다. 측정방식은 해당 문항에 동의하면 그 측정값을 얻게 되고 그렇지 않으면 그 문항은 0이 된다.

4.1.2 고정합척도(constant sum scale)

고정합척도는 설문지의 각 항목에 점수를 배분하여 그 합이 일정한 값이 되도록 설계된 척도이다. 즉 주어진 값을 항목 비중에 따라 배분하는 것이다. 이 척도는 비율자료이기 때문에 확실한 선호도는 알 수 있으나 응답 항목이 많으며 응답자 입장에서 무척 귀찮게 여긴다.

▶ 고정합척도의 예
• 당신이 자동차 선택기준을 모든 항목에 대해 100으로 할 때 중요도에 따라 적당한 값을 배분하시오.
1. 가격( ) 2. 안전성( ) 3. 배기량( ) 4. 디자인( ) 5. 기타( )

4.2 타당도(validity)

타당도는 측정하고자 하는 대상을 얼마나 정확히 측정하였는가에 관한 것으로, 특정한 개념이나 속성을 측정하기 위해 개발된 측정도구가 해당 속성을 얼마나 정확하게 반영하고 있는가 하는 문제이다. 내용타당도(content validity)는 조사를 구성하고 있는 설문 문항이 실제 특정하고자 하는 개념의 모든 영역에 얼마나 잘 반영되어 있는가를 나타내며 전문가의 그룹이 동의할 경우 내용타당도는 확보된다. **기준관련타당도(criteria-related validity)**는 측정도구를 이용해 나타난 결과가 얼마나 다른 기준과 상관이 있는가를 나타낸다. 즉 우울증이 높은 사람이 자살 시도와 관련된 경험과 상관이 높다면 기준타당도가 높다고 할 수 있다. **구성타당도(construct validity)**는 측정하려고 하는 추상적인 개념이 측정도구에 의해 제대로 측정되었는가의 정도를 파악하는 것이다. 좀 더 자세한 것은 조사방법론에 관한 책들을 참조하라.

4.3 신뢰도(reliability)

신뢰도는 일반적으로 측정하고자 하는 대상을 얼마나 정확하게 측정하고 있는가 하는 정도를 말하는데 측정의 일관성이라고도 말할 수 있다. 즉, 설문지 조사에서 유사하거나 동일한 설문지를 다시 검사하면 그 결과가 어느 정도는 전에 조사했던 결과와 같이 나오거나 비슷하게 나와야 응답자가 성실하게 설문작성을 한 것이 되므로 그 결과에 대해 어느 정도 신뢰를 하게 된다. 이런 신뢰를 측정하여 지표로 구현하는 것을 신뢰도라 한다. 또 다른 예로서 다음과 같은 비슷한 질문을 한 설문지에 포함시킬 수도 있다.

1) 비가 오는 날이면 우울하다.
   그렇다 ① ② ③ ④ ⑤ 아니다
2) 비가 오는 날이면 괜히 혼자 있고 싶어진다.
   그렇다 ① ② ③ ④ ⑤ 아니다
3) 흐린 날에는 누구하고도 이야기하고 싶지 않다.
   그렇다 ① ② ③ ④ ⑤ 아니다

이런 경우 비슷한 반복적인 질문에 동일한 결과를 얻어야 응답자의 설문을 신뢰할 수 있게 된다. 이런 질문이 여러 번 반복 사용되었다 하자. 물론 비슷한 문항을 연이어 사용하지는 않는다. 즉 다른 문항에 응답자가 못 느끼도록 삽입을 한다. 그런 문항의 합을 X로 표시할 때 관측점수는 다음과 같이 표현된다.

$$X = T + E$$

여기서 T는 참점수가 되며 E는 오차가 된다. 참점수는 한 개인이 동일한 변수를 무한 번 반복할 때 얻어지는 평균값이다.

또 다른 X와 동등한 측정치 X'이 있을 때 역시 다음과 같은 관측점수가 표현이 될 수 있다.

$$X' = T + E'$$

여기서 E'과 T는 독립이며 E'과 E도 독립이다. 따라서 X와 X'의 상관계수는 다음과 같이 표현할 수 있다.

$$\begin{aligned}\rho_{X,X'} &= \frac{Cov(X, X')}{\sqrt{Var(X)}\sqrt{Var(X')}} = \frac{Var(T)}{\sqrt{Var(X)}\sqrt{Var(X')}} \\ &= \frac{Var(T)}{Var(X)} = \frac{Var(T)}{[Var(T) + Var(E)]}\end{aligned}$$

따라서

$$Cov(X, X') = Var(T)\text{이고}$$
$$Var(X) = Var(X') = Var(T) + Var(E)$$

이다.

만약 X와 X'가 동일하다면 상관계수 $\rho_{X,X'}$는 1이 될 것이다. 즉 동일한 문항들에 대해서 얼마나 일관성 있게 답을 하느냐의 척도이다. 그러면 상관계수 $\rho_{X,X'}$는 어떤 방법으로 측정하는가? 다음과 같은 두 가지 종류에 4가지 방법이 있다.

4.3.1 두 번의 설문지를 시행하는 경우

① 대형검사법

대형검사법은 비슷한 유형의 설문지 2부를 작성하여 측정하는 방법이다. 두 설문지를 동일한 집단의 응답자에게 시행한다. 첫 번째 집단에게는 설문지 1 다음에 설문지

[2]를 시행하고 두 번째 집단에게는 설문지 [2]를 먼저하고 설문지 [1]을 뒤이어 실시한다. 이렇게 산출한 두 설문지 사이의 피어슨상관계수를 동등계수라 한다.

② 재시험법

재시험법은 동일한 설문지를 시간 간격을 두어 반복 측정하는 방법을 말한다. 문제는 시간 간격이다. 특별한 해답은 없다. 적절한 간격을 두고 검사하여야 한다.

4.3.2 한 번에 시행하는 방법

① 반분법

반분법은 한 설문지의 문항을 둘로 나누어 두 부분의 상관계수로 신뢰도를 추정하는 방법이다. 반분법은 다음과 같은 Spearman-Brown공식을 이용한다.

$$\rho_{XX'} = \frac{2\rho_{AB}}{1+\rho_{AB}}$$

여기서 ρ_{AB}는 반분법 간의 상관계수이고 $\rho_{XX'}$는 설문지의 신뢰도이다.

② 내적합치도

반분법은 설문지를 두 부분으로 나누는 방식의 수만큼 신뢰도를 산출함으로 단일 추정치를 구하지 못한다. 이를 극복하기 위한 방법이 **내적합치도**인데, 내적합치도란 말 그대로 한 검사 내에서 부분 간의 상관계수의 함수를 가리킨다. 설문지의 부분 간의 상관계수를 계산해 봄으로써 신뢰성을 구하는 방법이다. 구하는 방법은 Kuder Richardson 20, 크론바 알파(Cronbach' Alpha)와 Hoyt's의 변량분석 등이 있는데 모두 동일한 방법으로 그중에서 계산상 문제로 크론바 알파값을 많이 사용한다. 크론바 알파값은 다음과 같다.

$$\alpha = \frac{N}{N-1}\left[1-\frac{\sum Var(X_i)}{Var(\sum X_i)}\right]$$

여기서 N은 총항목수가 되며 $Var(X_i)$은 i번째 항목의 분산이 된다. 신뢰도는 반복 측정하여 얼마나 동일한가를 측정하는 것이다. 따라서 크론바 알파값은 응답자가 얼마나 성의있게 똑같은 문항에 대해 응답했는가를 보는 값이다.

크론바 알파값은 0과 1사이의 값이다. 높을수록 바람직하나 반드시 얼마 이상 되어야 한다는 기준은 없다. 일반적으로 크론바 알파값이 0.7 이상이면 신뢰할 수 있다고 이야기하나 문항이 많으면 신뢰도도 증가하는 것으로 알려져 있다. 또 0.6 보다 작으면 크론바 알파값에 영향을 주는 개별 항목을 제거함으로써 크론바 알파 값을 높일 수 있다. 기타 신뢰도에 관한 자세한 것은 Traub(1994)를 참조하여라.

예제 다음 설문지는 내적일관성 척도법의 크롬바 알파를 구하기 위한 간단한 예이다. 그 결과는 다음과 같다.

다음 항목에서 가장 자신을 잘 나타낸다고 생각되는 점을 골라 ✔를 해 주세요.

1) 비가 오는 날이면 우울하다.
그렇다 ① ② ③ ④ ⑤ 아니다

2) 비가 오는 날이면 괜히 혼자 있고 싶어진다.
그렇다 ① ② ③ ④ ⑤ 아니다

3) 흐린 날에는 누구하고도 이야기하고 싶지 않다.
그렇다 ① ② ③ ④ ⑤ 아니다

4) 나는 명품을 좋아한다.
그렇다 ① ② ③ ④ ⑤ 아니다

5) 새로운 패션이나 유행을 빨리 받아들인다.
그렇다 ① ② ③ ④ ⑤ 아니다

6) 쇼핑을 하기 전에 사야 할 반드시 품목을 정한다.
그렇다 ① ② ③ ④ ⑤ 아니다

7) 나는 낙태에 반대한다.
그렇다 ① ② ③ ④ ⑤ 아니다

8) 결혼 전 순결은 지켜야 한다.
그렇다 ① ② ③ ④ ⑤ 아니다

9) 자녀가 있는 경우 이혼은 해서 안 된다.
그렇다 ① ② ③ ④ ⑤ 아니다

이에 대한 결과는 다음과 같이 얻었다.

1	1	3	3	3	4	3	3	4	3	4
1	3	3	2	4	2	4	2	3	2	5
2	2	3	2	3	3	3	3	3	3	5
2	2	4	4	2	2	4	4	3	2	4
1	1	4	4	3	1	3	2	2	5	3
1	2	3	3	4	4	2	3	3	4	2
1	2	2	1	1	2	1	1	2	2	1
1	3	3	2	3	3	3	4	3	4	3
2	4	5	4	4	3	4	3	3	3	3
2	1	4	4	4	4	4	3	5	5	3
2	1	3	3	4	3	2	3	4	5	4
1	1	4	4	2	4	3	3	4	2	3
1	2	3	3	3	3	3	4	3	4	5
1	4	2	5	3	4	5	3	4	4	5
2	3	3	4	5	3	3	2	3	2	4

SAS 프로그램 이 결과에 대한 SAS의 프로그램과 결과는 다음과 같다.

```
data crom;
input sex grade v3-v11;
cards;
1 1 3 3 3 4 3 3 4 3 4
1 3 3 2 4 2 4 2 3 2 5
2 2 3 2 3 3 3 3 3 3 5
2 2 4 4 2 2 4 4 3 2 4
1 1 4 4 3 1 3 2 2 5 3
1 2 3 3 4 4 2 3 3 4 2
1 2 2 1 1 2 1 1 2 2 1
1 3 3 2 3 3 3 4 3 4 3
2 4 5 4 4 3 4 3 3 3 3
2 1 4 4 4 4 4 3 5 5 3
2 1 3 3 4 3 2 3 4 5 4
1 1 4 4 2 4 3 3 4 2 3
1 2 3 3 3 3 3 4 3 4 5
1 4 2 5 3 4 5 3 4 4 5
2 3 3 4 5 3 3 2 3 2 4
;
proc corr alpha;
var v3-v11;
run;
```

SAS 결과

CORR 프로시저

9 개의 변수:	v3 v4 v5 v6 v7 v8 v9 v10 v11

단순 통계량						
변수	N	평균	표준편차	합	최솟값	최댓값
v3	15	3.26667	0.79881	49.00000	2.00000	5.00000
v4	15	3.20000	1.08233	48.00000	1.00000	5.00000
v5	15	3.20000	1.01419	48.00000	1.00000	5.00000
v6	15	3.00000	0.92582	45.00000	1.00000	4.00000
v7	15	3.13333	0.99043	47.00000	1.00000	5.00000
v8	15	2.86667	0.83381	43.00000	1.00000	4.00000
v9	15	3.26667	0.79881	49.00000	2.00000	5.00000
v10	15	3.33333	1.17514	50.00000	2.00000	5.00000
v11	15	3.60000	1.18322	54.00000	1.00000	5.00000

크론바흐의 α계수	
변수	α계수
원데이터	0.750541
표준화	0.760741

변수를 제외했을 때의 크론바흐의 α계수				
	데이터 변수		표준화된 변수	
제외한 변수	합계에 대한 상관 계수	α계수	합계에 대한 상관 계수	α계수
v3	0.230119	0.754186	0.234694	0.769283
v4	0.597437	0.696864	0.607773	0.711578
v5	0.409882	0.730721	0.393867	0.745633
v6	0.376050	0.735672	0.398889	0.744864
v7	0.604265	0.698081	0.597021	0.713354
v8	0.494735	0.719577	0.496737	0.729589
v9	0.634393	0.701592	0.638396	0.706482
v10	0.249036	0.762557	0.258526	0.765831
v11	0.363010	0.741927	0.362363	0.750426

위의 설문지에 대한 변수 v3-v11에 대한 전체 크롬바 알파값은 0.750541이며 표준화한 경우의 크롬바 알파값은 0.760741이다. 일반적으로 0.7 이상이면 신뢰성이 있는 설문이라 할 수 있다. 또한 결과 항목 중에 "변수를 제외했을 때의 크롬바 알파계수"는 해당 변수를 삭제했을 경우에 크롬바 알파값을 나타낸다. 예를 들어 x10을 삭제했을 경우 전체적으로 크롬바 알파값은 0.762557로 올라가 더 신뢰성이 있는 설문이 된다. 또한 크롬바 알파는 문항 수가 많아질수록 높아지는 경향이 있다. 무엇보다도 신뢰도를 높이기 위해서는 설문조사의 문항들이 가능하면 정확하게 기술하는 것이다.

SPSS 프로그램 **☞ 분석(A) ⇒ 척도(A) ⇒ 신뢰성분석(R)**

파일(F) 편집(E) 보기(V) 데이터(D) 변환(T) 분석(A) 다이렉트 마케팅(M) 그래프(G) 유틸리티(U) 창(W) 도움말(H)

	VAR1	VAR2	VAR3	VAR4	VAR5	VAR6	VAR7	VAR8	VAR9
1	3.00	3.00	3.00	4.00	3.00	3.00	4.00	3.00	4.00
2	3.00	2.00	4.00	2.00	4.00	2.00	3.00	2.00	5.00
3	3.00	2.00	3.00	3.00	3.00	3.00	3.00	3.00	5.00
4	4.00	4.00	2.00	2.00	4.00	4.00	3.00	2.00	4.00
5	4.00	4.00	3.00	1.00	3.00	2.00	2.00	5.00	3.00
6	3.00	3.00	4.00	4.00	2.00	3.00	3.00	4.00	2.00
7	2.00	1.00	1.00	2.00	1.00	1.00	2.00	2.00	1.00
8	3.00	2.00	3.00	3.00	3.00	4.00	3.00	4.00	3.00
9	5.00	4.00	4.00	3.00	4.00	3.00	3.00	3.00	3.00
10	4.00	4.00	4.00	4.00	4.00	3.00	5.00	5.00	3.00
11	3.00	3.00	4.00	3.00	2.00	3.00	4.00	5.00	4.00
12	4.00	4.00	2.00	4.00	3.00	3.00	4.00	2.00	3.00
13	3.00	3.00	3.00	3.00	3.00	4.00	3.00	4.00	5.00
14	2.00	5.00	3.00	4.00	5.00	3.00	4.00	4.00	5.00
15	3.00	4.00	5.00	3.00	3.00	2.00	3.00	2.00	4.00

SPSS 결과

신뢰도 통계

Cronbach의 알파	표준화된 항목에 기반한 Cronbach의 알파	항목의 N
.751	.761	9

항목 통계

	평균	표준 편차	N
VAR3	3.2667	.79881	15
VAR4	3.2000	1.08233	15
VAR5	3.2000	1.01419	15
VAR6	3.0000	.92582	15
VAR7	3.1333	.99043	15
VAR8	2.8667	.83381	15
VAR9	3.2667	.79881	15
VAR10	3.3333	1.17514	15
VAR11	3.6000	1.18322	15

항목간 상관행렬

	VAR3	VAR4	VAR5	VAR6	VAR7	VAR8	VAR9	VAR10	VAR11
VAR3	1.000	.430	.194	-.097	.313	.272	.104	.051	-.106
VAR4	.430	1.000	.286	.285	.640	.269	.430	.225	.234
VAR5	.194	.286	1.000	.228	.256	.034	.282	.300	.310
VAR6	-.097	.285	.228	1.000	.156	.370	.773	.131	.065
VAR7	.313	.640	.256	.156	1.000	.369	.403	.020	.597
VAR8	.272	.269	.034	.370	.369	1.000	.379	.267	.376
VAR9	.104	.430	.282	.773	.403	.379	1.000	.279	.272
VAR10	.051	.225	.300	.131	.020	.267	.279	1.000	.000
VAR11	-.106	.234	.310	.065	.597	.376	.272	.000	1.000

항목 총계 통계

	항목 삭제 시 척도 평균	항목 삭제 시 척도 분산	수정된 항목 총계 상관	제곱된 다중 상관	항목 삭제 시 Cronbach의 알파
VAR3	25.6000	23.971	.230	.599	.754
VAR4	25.6667	19.524	.597	.575	.697
VAR5	25.6667	21.524	.410	.458	.731
VAR6	25.8667	22.267	.376	.792	.736
VAR7	25.7333	20.067	.604	.670	.698
VAR8	26.0000	21.857	.495	.603	.720
VAR9	25.6000	21.114	.634	.757	.702
VAR10	25.5333	22.267	.249	.430	.763
VAR11	25.2667	21.067	.363	.683	.742

신뢰성 분석, 특히 내적일관성을 신뢰도 계수를 높이기 위해 신뢰도가 낮은 항목 제거하게 되면 전체적인 신뢰성일 올라가기도 한다.

위의 설문지에 대한 변수 VAR1-VAR9에 대한 전체 크롬바 알파값은 0.751이며 표준화한 경우의 크롬바 알파값은 0.761로 SAS의 결과와 동일하다.

예제 4.1 5명에게 5점 척도의 4개 문항을 선택하게 한 결과 다음과 같은 결과를 얻었다 하자. 크론바 알파를 구하여 보자.

	VAR1	VAR2	VAR3	VAR4	총계
A	4	3	5	4	16
B	3	3	4	4	14
C	5	5	4	5	19
D	2	1	3	2	8
E	3	2	4	3	12
평균	3.4	2.8	4	3.6	13.8
$V(x_i)$	1.3	2.2	.5	1.3	

$$\sum V(x_i) = 1.3 + 2.2 + .5 + 1.3 = 5.3$$

$$V(\sum x_i) = \frac{(16-13.8)^2 + (14-13.8)^2 + \cdots + (12-13.8)^2}{5-1} = 17.2$$

따라서

$$\alpha = \frac{N}{N-1}\left[1-\frac{\sum Var(X_i)}{Var(\sum X_i)}\right] = \frac{4}{4-1}[1-\frac{5.3}{17.2}] = .922$$

이다.

SPSS 결과

신뢰도 통계

Cronbach의 알파	표준화된 항목에 기반한 Cronbach의 알파	항목의 N
.922	.927	4

항목 통계

	평균	표준 편차	N
VAR1	3.4000	1.14018	5
VAR2	2.8000	1.48324	5
VAR3	4.0000	.70711	5
VAR4	3.6000	1.14018	5

요약 항목 통계

	평균	최소값	최대값	범위	최대값 / 최소값	분산	항목의 N
항목 평균	3.450	2.800	4.000	1.200	1.429	.250	4
항목 분산	1.325	.500	2.200	1.700	4.400	.483	4

척도 통계

평균	분산	표준 편차	항목의 N
13.8000	17.200	4.14729	4

연습예제 4.1 5명에게 2점 척도의 6개 문항을 선택하게 한 결과 다음과 같은 결과를 얻었다 하자. 크론바 알파를 구하고, SPSS를 통해 결과를 비교하여라.

	VAR1	VAR2	VAR3	VAR4	VAR5	VAR6
A	1	1	1	1	0	0
B	1	1	1	1	1	1
C	1	1	1	0	0	0
D	1	1	0	0	1	0
E	1	0	0	0	0	0

4.4 무응답

일반적으로 미디어에서의 여론조사는 되도록 짧은 시간에 여론조사를 마쳐서 그 결과를 발표하여야 한다. 그러나 많은 경우의 여론조사에는 무응답에 관한 언급은 많이 없다. 주로 전화상으로 설문이 이루어지기 때문에 전화를 걸어 응답이 없으면 그 자료는 무응답으로 처리가 된다. 실제 전화상의 여론조사는 무척이나 많은 응답률을 갖고 있는 것이 사실이다. 일반적으로 무응답률이 30%가 넘으면 설문조사의 결과는 신빙성이 없다고 보아도 틀린 말은 아닐 것이다. 표본 추출 과정이나 오차율을 정확히 밝힌 방송이라 하더라도 응답률이 10% 안팎이면 그 결과는 의심할 필요가 있다. 이는 표본이 상처투성이기 때문에 그 결과는 믿을 만하지 못한다. 보통 무응답률을 계산하는 방법은 다음 3가지로 언급한다(강미은, 1997).

4.4.1 응답 거부율

이는 말 그대로 응답을 거절당한 비율을 말한다. 즉 응답 성사 건수와 응답 거부 건수를 알면 되는 비율을 말한다.

$$\text{응답 거부율} = \frac{\text{응답 거절 건수} + \text{중간에 끊어진 건수}}{\text{응답을 성사 건수} + \text{중간에 끊어진 건수}}$$

4.4.2 보수적 응답률

이는 응답 성사 건수에 표본으로 추출된 건수를 나누어 얻은 값이다. 표본으로 추출된 수에는 조사와 관련이 없이 추출된 전화번호, 자동응답기에 걸린 전화, 실제로 표본에는 포함되어 있으나 전화번호 소유주가 없는 경우 등을 포함하고 있을 수 있으므로 응답률이 낮게 나온다.

$$\text{보수적 응답률} = \frac{\text{완전히 성사된 건수}}{\text{표본으로 추출된 모든 건수}}$$

4.4.3 개방적 응답률

이 비율은 성사된 응답 건수와 잠정적인 설문 응답 건수를 비교한다. 잠정적인 응답 숫자란 자동응답기가 계속 받는 경우, 실제로 표본에는 포함되어 있으나 전화번호 소유주가 없는 경우, 전화를 계속해도 받지 않는 경우를 제외한 숫자를 말한다.

$$\text{개방적 응답율} = \frac{\text{완전히 성사된 응답건수}}{\text{잠정적으로 응답 가능성이 있는 건수}}$$

또한 우리나라에서는 무응답율이 높다. 그 이유에 대해서는 다음과 같이 분석하기도 한다.

1) 정치적인 이념에 대한 상대방의 비방 때문이다. 솔직히 이야기하면 아직도 뭔가 모르게 피해를 입을 것 같다는 생각이 있기 때문이다. 특히 농어촌의 경우에 대통령이나 국회의원선거에 대해 여론조사를 할 때 여론조사 결과와 실제 득표율과 다른 이유가 여기에 있다.
2) 면접원의 적극성 부족이다. 특히 전화(휴대전화)조사에서는 면접원의 노련미와 숙련에 따라 무응답을 많이 줄일 수 있다. 따라서 특별히 면접원의 자격은 정해진 바는 없지만 그래도 초대졸 이상의 학력에 어느 정도는 교육을 받은 사람이어야 한다.
3) 성급한 정치 여론조사의 경우 유권자가 지지자를 결정하지도 않은 상태에서 조사를 강행하기 때문에 높은 무응답을 얻게 된다.

4.5 최대허용오차

일반적으로 지지율이나 어떤 비율과 같은 모비율(p)을 알려고 할 때 표본조사에서 구한 추정량($\hat{p}$)으로 모비율을 추정한다. 앞에서 모비율의 신뢰구간에서도 언급했듯이 표본의 크기가 n이고 95% 신뢰수준 하에서 모비율의 최대허용오차는 $\pm 1.96\sqrt{p(1-p)/n}$과 같다. 그러나 일반적으로 모비율 p를 알 수 없으므로 p의 가능한 값 $0<p<1$에서 $1.96\sqrt{p(1-p)/n}$의 최댓값을 구하여 이것을 95% 신뢰수준 하에

서의 최대허용오차라 한다. $1.96\sqrt{p(1-p)/n}$ 의 최댓값은 $p(1-p)$가 최대인 경우에 구할 수 있으며, $p(1-p)$의 최댓값은 $p=\frac{1}{2}$일 때 0.25가 된다. 따라서 95% 신뢰수준 하에서 최대허용오차는 $1.96\sqrt{(0.25)/n}$ 이다. 즉 n의 크기에 따라 최대허용오차는 달라진다.

따라서 표본의 크기가 n=100일 경우에 최대허용오차는 다음과 같다.

$$1.96\sqrt{0.25/100}=0.098(9.8\%)$$

다음은 표본의 크기에 따른 최대허용오차이다.

[표 4.1] 표본의 크기에 따른 최대 허용오차

표본의 크기	최대허용오차
100	9.8%
500	4.4%
1,000	3.1%
1,500	2.5%

4.6 여론조사와 조작

숫자 조작에 관한 재미난 일화가 하나 있다. 어떤 사람이 수학자를 찾아가 '2 더하기 2는 무엇입니까?'라고 묻자 수학자는 바로 '4입니다.'라고 대답을 했다. 너무 자신 있게 대답을 해서 그런지 미심쩍은 생각이 드는 이 사람은 이번에는 엔지니어를 찾아가 같은 질문을 했다. 그러자 엔지니어는 잠시 생각을 하더니 '2 더하기 2는 4의 ±10%입니다.'라고 대답을 하였다. 이번에는 그래도 숫자를 다루는 통계학자를 찾아가기로 하고 같은 질문을 하였다. 그러자 통계학자는 아무 말 없이 일어나더니 사무실과 창문을 닫고 커튼까지 내렸다. 그리고는 되물었다. '2 더하기 2는 얼마가 되기를 원하십니까?'

이는 통계를 이용하는 데 따라서 코에 걸면 코걸이 귀에 걸면 귀걸이가 될 수 있는 이야기일 것이다. 그래서 디즐레일리는 다음과 같은 말을 했는지도 모른다. '세 가지의 거짓말이 있는데 하나는 거짓말, 또 하나는 새빨간 거짓말 그리고 나머지는 통계이다.'

어느 기관단체는 물론 신문이나 방송에서도 여러 가지 여론조사를 하고 또 그 결과를 발표하게 되는데 그 여론조사가 정말 제대로 됐는지 아니면 무슨 의도를 가지고 있지 않은지를 자세히 살펴볼 필요가 있다. 이는 여론조사 결과에 대해 다음과 같은 질문을 던져보아 알 수 있다(특히 미국의 Sheldon Gawiser & Evans Witt가 쓰고 National Council on Public Polls에서 발행한 "Twenty Questions a Journalist should ask about Poll Results"라는 제목의 내용은 여론조사기관에서 조사한 여론조사가 발표되기 전에 기자들이 물어봐야 할 20가지의 질문사항을 언급하고 있다. 이를 줄여 12가지 정도를 본 내용에 맞게 재구성하였다).

① 조사기관이 어떤 기관인가?

조사기관에 따라 조사내용의 왜곡을 가져올 수 있다. 예를 들어 대통령선거를 앞두고 후보자를 낸 모정당에서 여론조사를 한다고 하자. 그 정당에서 한 여론조사는 자기 정당에서 나온 대통령후보자가 불리한 것은 여론조사의 결과는 당연히 밝히지 않고 유리한 것들만 발표할 것이다. 따라서 여론조사 기관과 여론조사 내용을 정확히 알 필요가 있다.

② 조사의 비용은 누가 지불하며 왜 이런 조사를 하는가?

위의 내용과 상통하는 경우로 어느 이익단체나 개인이 자신의 예산을 투자하여 조사할 정도면 그만큼의 자기가 의도하고자 하는 내용을 부각하고자 할 것이다. 이는 여론조사의 왜곡을 가져올 수가 있다. 예를 들어 어느 국회의원 후보 출마자가 자기 지역구에서 그 지역의 여론조사를 하고 그 여론조사의 결과를 발표하려고 할 때 의도적으로 자기에게 유리한 것들만 발표하게 된다. 이는 자기 돈을 들여 국회의원이 되기 위하여 한 여론조사이기 때문이다.

③ 모집단과 표본은 얼마인가?

대통령선거를 앞두고 여론조사를 실시하여 어느 정당의 어느 후보가 당선될 것인가를 알고 싶어 하는 것은 당연하다. 여론조사를 위해서는 표본을 추출해야 하는데 얼마나 추출을 해야 하는지를 결정해야 한다. 즉 전 국민을 대상으로 하는 조사에서

100명만을 조사하기는 너무 적고 그렇다고 수십만 명을 조사하자니 돈이 많이 들기 때문에 적당한 표본의 크기를 구하여야 한다. 이에 대한 언급을 유심히 볼 필요가 있다. 즉 조사자들은 조사대상 집단에서 개인이 응답자로 추출될 확률이 알려진 경우, 그 설문조사는 전체 모집단을 반영한다고 할 수 있다. 이 방법을 확률 표본추출법이 되는데 이를 통해서 5천만 명이 되는 국민의 의사를 2,000명 정도의 표본으로도 알 수 있다. 그러나 현실적으로는 정확한 조사를 위해 정확한 표본을 뽑는다는 것은 불가능하다. 하지만 최선을 다했을 때 얻어지는 결론은 정확할 수가 있다.

④ 표본의 구성비는 모집단의 구성비와 같나?

1936년 미국 대통령선거에서 리터러리 다이제스트사의 여론조사 실패가 이 항목의 예를 단적으로 설명해 준다. 미국인 유권자 전체를 대상으로 조사를 하면서도 당시 보급률이 낮은 전화번호부와 자동차등록대장만을 가지고 여론조사를 했기 때문에 틀릴 수밖에 없었다. 따라서 대통령선거를 앞둔 여론조사에서 모집단이 되는 전국 유권자의 지역 비율, 남녀 비율, 나이별 비율, 학벌 비율 그리고 종교별 비율 등에 따라 표본도 동일하게 추출해야 문제가 발생하지 않을 것이다.

⑤ 응답자들은, 즉 표본은 어떻게 추출되었나?

정말 모든 모집단의 개체가 동일하게 추출되었는지 유심히 살펴볼 필요가 있다. 단순임의추출로 표본을 뽑았다면 조사자들이 자신들 편한 대로 마구잡이식으로 표본을 뽑았을 수가 있다. 이럴 경우 당연히 표본은 편의(bias)되기 마련이다.

⑥ 응답률에 관한 언급은 있나?

이는 무응답의 비율을 알고자 함이다. 앞에서 언급했듯이 무응답율이 높을 경우 표본에 의한 결과의 신뢰성에 의문이 가게 된다.

⑦ 특정직업이나 특정 지역을 대상으로 하지 않았나?

대통령선거를 앞둔 여론조사에서 조사대상은 대통령선거에 투표할 수 있는 만 18세 이상 전국 유권자이다. 그러나 조사하는 기관에서 만 18세 이하를 조사한다든지 어느 한 지역을 만을 의도적으로 조사한다든지 하는 그런 조사를 한다면 분명한 다른 의도가 있거나 여론조사에 대해 잘 모르고 조사를 할 수 있다고 볼 수 있다.

⑧ 조사시기는 적당했는가?

조사 직전에 어떤 일이 일어났느냐에 따라 다음에 이루어지는 조사에 영향을 많이 끼친다. 예를 들어 모 운동선수가 그 종목에서 우승한 직후 어린아이들에게 너 커서 무엇이 되겠냐고 물으면 평상시보다 많은 학생들이 운동을 하겠다고 할 것이다.

⑨ 어떤 조사방법을 사용했나?

보편적인 여론조사방법으로는 전화(휴대전화)조사가 많이 사용되고 있다. 하지만 때에 따라선 면접조사와 우편조사도 이용될 수 있다. 각 조사의 장단점을 파악해본다.

⑩ 최대허용오차는 얼마나 되나?

앞에서 표본의 크기에 따라 최대허용오차가 다르다는 것을 배웠다. 따라서 어느 두 명의 대통령 후보가 표본오차율 범위 내에 있을 경우 두 후보 중 어느 한 후보가 당선될 것이라는 확신은 세울 수 없게 된다.

⑪ 설문지의 내용, 설문지의 순서는 공정한가?

이 경우에도 앞에서 언급한(3.3절) 유도성이 있는 질문을 하면서 자신에게 유리한 대답만을 이끌어내도록 하지는 않았는지를 유심히 관찰해야 한다.

⑫ 같은 주제를 놓고 다른 조사가 또 없나?

혹시 비슷한 주제를 놓고 여러 기관에서 조사할 경우가 있다. 예를 들어 대통령후보자의 지지도와 같은 것을 방송사나 조사기관별로 비교할 수가 있다. 이 경우 다른 방송사나 조사기관과 비교하여 특별히 차이가 나는 항목이 없는지를 유심히 관찰할 필요가 있다.

PART

5

자료 모으기

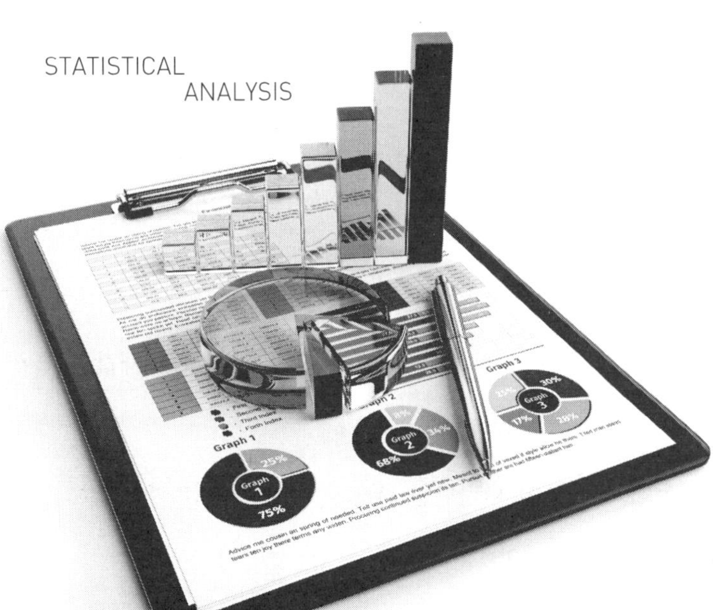
STATISTICAL
ANALYSIS
Graph 1
25%
75%
Graph 2
34%
68%
Graph 3
30%
17%
28%

5.1 자료의 필요성

인간은 자기가 하고자 하는 일을 효율적으로 하기 위해 어떠한 의사결정을 해야 할 경우가 있다. 이런 일들은 모든 분야에서 발생한다. 예를 들면 다음과 같은 것이 있을 수 있다.

1. 어느 농촌에서 새로운 벼 품종을 개발하였다. 이 품종이 기존의 벼 품종보다 나은지를 알고 싶다.
2. 어느 고용주는 자기 회사에 적합한 사람을 채용하기를 원한다.
3. 어느 회사는 새로운 다이어트 상품을 개발하기 위해 경쟁회사의 상품에 대한 불만이 무엇인지를 알기 원한다.
4. 어느 국회의원은 공약을 발표하기 위해 자기 지역구 주민들의 요구사항이 무엇인지를 알기 원한다.

일단 이런 목표가 정해지게 되면 그 목표를 달성하기 위한 다양한 방법들을 생각할 수 있을 것이다. 목표를 최대로 하는 여러 방법 중 하나를 선택하기 위하여 정보를 수집할 필요가 있다. 연구하는 사람들에게는 이런 필요한 정보를 **자료**(data)라 하며, 의사결정을 하는 데 있어서 좀 더 유용한 정보를 얻기 위해서는 자료가 적절해야 한다. 만일 자료가 **편의**(bias)하거나 애매모호하고 어떤 오류가 있는 값이라면 아무리 복잡하고 좋은 방법의 통계이론을 사용하더라도 효과적인 의사결정에 도움이 되지 않는다.

〈자료〉

모집단이나 표본조사 또는 실험의 관측결과 얻어진 개체값의 특성값

〈편의〉

실제의 상태와 다르게 나타나는 평균적 차이를 나타내는 말

5.2 자료를 모으는 방법

연구자가 자료를 얻기 위한 방법은 여러 가지가 있다. 첫째로 정부나 관공서 및 기업들에 의한 자료가 있을 수 있고, 둘째로 필요한 자료를 실험(experimentation)을 계획하여 얻는 방법이 있을 수 있으며, 셋째로 조사(survey)를 통한 방법이 있을 수 있고, 넷째로 관심 있는 사람이나 동물의 행동을 관찰하여 자료를 얻을 수 있는 방법이 있다.

요즈음 빅데이터의 자료는 정부, 공공기관, 기업체에서 얻어지는 개인 자료 또는 다양하게 관련된 자료이다. 특히 국가기관인 통계청, 기획재정부 등은 우리나라의 모든 자료를 수집하는 주 수집원으로서 인구, 취업, 가구 수 등을 총망라하여 수집하고 있다. 필요한 자료를 얻을 수 있는 두 번째 방법은 실험을 통한 방법으로 조사하고자 하는 대상에 엄격한 통제가 가해진다. 예를 들어 어떤 신제품의 효율성을 검정하고자 하는 경우 연구자는 연구에 참여하는 사람이 실험에 참여하기 전에 새로운 제품과 기존의 제품을 사용하도록 하여야 하는 제한이 가해져야 한다. 자료를 얻을 수 있는 세 번째 방법은 단순 조사를 하는 것이다. 조사대상에 대해서 어떤 제재를 가하지 않고 단순히 있는 것을 질문하여 답을 얻어내는 것이다. 또 관찰이 가능한 연구에서는 연구자가 자연 그대로 방치되어 있는 그대로의 상황을 관찰하는 것이다. 천체나 지질 및 동물의 행동에 대한 대부분 지식은 이 방법을 통해 얻어진다. 관찰을 통한 연구는 조사에서와 같은 좀 더 구조적으로 복잡한 상황에서 추출할 수 없는 풍부한 특징들을 얻을 수 있기 때문에 인류학이나 사회학에서도 중요한 위치를 차지한다.

연구가 좀 더 효율적이기 위해서는 모아진 자료가 '타당(valid)'해야 한다. 즉 올바른 반응과 의미 있는 측정방법을 통해서 자료가 얻어져야 한다. 실험이나 조사를 계획하는 데 있어서 자료의 차이나 측정방법 등을 이해할 필요가 있다. 다음 절은 이에 관한 내용이다.

5.3 자료의 특성

표본 조사가들은 여러 가지의 질문을 하는 방법과 다양한 현상이나 특징들을 다루는 방법 등을 연구한다. 이러한 현상과 특징을 변수(variable)라 부른다. 이러한 변수들의 관찰된 결과를 우리는 자료라 한다.

1) 자료의 종류

기본적으로 자료는 두 가지 변수에 따른 형태의 자료가 있다. 즉 질적자료(qualitative data)와 양적자료(quantitative data)이며, 질적자료는 범주형(categorical type) 반응에 대한 값이고 양적자료는 수치형(numerical type) 반응에 대한 값이다. 예를 들어 '너의 성별이 어떻게 되는가?'라는 질문은 범주형의 질문이다. 즉, 선택할 수 있는 대답은 '남성'과 '여성' 두 가지밖에 없으므로 질적자료의 예가 되고, 반대로 '너의 키가 얼마나 되는가?' 하는 질문은 확실히 수치형의 답을 요구하게 되므로 양적자료의 예가 된다. 또한 양적자료는 교통사고의 발생 건수와 같은 정수만으로 이루어진 자료인 이산형(discrete type) 자료와 키, 몸무게 같은 실수로 이루어진 연속형(continuous type) 자료로 나눌 수 있다. 즉, 셈을 하는 것과 같은 과정을 통해 일어나는 수치적 반응의 값은 이산형 자료이고, 측정을 통한 과정을 통해 일어나는 수치적 반응의 값을 연속형 자료라 한다.

[표 5.1] 자료형태에 따른 질문의 예

자료형태	질문형태	대답형태
질적자료 →	당신은 국적이 한국입니까?	예____ 아니오____
양적자료	이산형 → 당신의 형제는 몇 명입니까?	____________명
	연속형 → 당신의 몸무게는 얼마입니까?	____________kg

2) 척도의 종류

척도(scale)란 어떤 한 대상을 측정하기 위해 일정한 규칙에 의해서 만들어진 양을 나타내는 일단의 기호이다. 척도는 그 특성에 따라 명목척도, 순서척도, 구간척도 그리고 비율척도로 나눌 수 있다고 3.2절에 언급하였다.

3) 기능을 기준으로

① **독립변수**(independent variable): 종속변수에 영향을 주는 변수로서 설명변수라고도 한다.

② **종속변수**(dependent variable): 독립변수의 영향을 받는 변수로써 반응변수라고도 한다.

통계분석을 하기 전에 자료에 대한 기본은 이 자료가 이산형 자료인지 연속형 자료인지 확인하고 구분하는 것이라고 할 수 있다. 일반적으로 통계적 분석을 하기 전에 위에서 설명한 대로 분석하고자 하는 자료가 독립변수와 종속변수인지 또 이산형 자료 또는 연속형 자료인지에 따라 다양한 통계적인 분석절차가 적용될 수 있다.

예를 들어, 두 모집단의 평균이 같은지를 분석하고자 하는 경우 독립변수가 두 개의 범주를 가지는 이산형 또는 범주형 자료이고, 종속변수가 연속형 자료일 경우에는 독립표본-t검정을 적용하게 된다. 또, 독립변수가 세 개 이상의 범주를 가지는 이산형 또는 범주형 자료로 종속변수가 연속형 자료일 때는 세 집단 이상의 평균이 같은지를 검정하는 경우 분산분석(ANOVA)을 이용하게 된다. 이와 같이 분석하고자 하는 자료에 따라 적절한 통계적인 분석방법에 맞게 분석방법을 선택해야 올바른 통계분석을 할 수 있다.

[표 5.2] 분석 기법 및 자료 분류

분석 기법	자료(척도)	
	독립변수	종속변수
독립표본 검정	명목, 서열	구간, 비율
분산분석(ANOVA)	명목, 서열	구간, 비율
회귀분석	명목, 구간, 비율	구간, 비율
범주형 자료분석	명목, 서열	명목, 서열
MANOVA	명목, 서열	구간, 비율, 서열

PART

6

자료 요약하기

6.1 SAS와 SPSS

6.1.1 SAS

SAS란 Statistical Analysis System의 약어로서 컴퓨터를 이용한 통계분석의 필요에 의해 미국 North Carolina 주의 SAS Institutes에서 개발되어(1966년) 컴퓨터의 이용을 요구하는 거의 모든 자료를 이 한 시스템 내에서 포괄적으로 처리, 분석할 수 있도록 다양한 기능을 가지고 있는 컴퓨터 소프트웨어 시스템(computer software system)이다. 다양한 수요에 부응하여 기본적인 SAS 상품 이외에 다음과 같은 여러 가지 프로그램들이 있다.

프로그램	내 용
Base SAS	기초 절차 및 데이터 관리
SAS/STAT	자료의 통계분석을 위한 소프트웨어
SAS/IML	행렬(matrix)처리를 위한 대화적(interactive) 소프트웨어
SAS/FSB	SAS file 조작을 위한 대화적 소프트웨어
SAS/GRAPH	그래프 처리를 위한 소프트웨어
SAS/OR	Operation Research를 위한 소프트웨어
SAS/ETS	시계열자료(time series data)를 위한 소프트웨어
SAS/AF	응용 프로그램 기능
SAS/QC	품질 제어
SAS/INSIGHT	데이터 마이닝
SAS/PH	임상 시험 분석
Enterprise Miner	데이터 마이닝
Enterprise Guide	GUI 기반 코드 편집기, 프로젝트 관리자
SAS EBI	비즈니스 인텔리전스 응용 프로그램 제품군
SAS Grid Manager	SAS 그리드 컴퓨팅 환경 관리자

SAS 언어

다른 컴퓨터 언어와 마찬가지로 SAS는 그 자체에 규정된 어휘와 이들을 전후 관련시키는 문법체계를 가지고 있다. 이 문법의 일정한 규칙에 따라 쓰여진 일련의 SAS 명령문들이 논리적인 의미에 따라 모여 하나의 SAS 프로그램을 형성하게 된다.

SAS 명령문

SAS 명령문을 나타내기 위하여 SAS가 규정한 중심어로서 DATA, PUT, INPUT, PROC, DO 등이 있으며 특수문자와 연산자로는 $. : ; | ^ & # @ ! % < > " " ' ' + − * / 등이 있다. 또한 SAS 이름으로 A부터 Z까지 영문자(대 / 소문자) 혹은 _ (밑줄: underscore)로 시작되는 8자 이내의 이름으로 변수(variable)나 SAS dataset, 처리절차, format 혹은 option 등을 구분하기 위한 이름을 짓는 데 사용된다. 이와 같은 SAS 이름에는 0부터 9까지의 숫자의 사용은 가능하나 빈 공백(blank), . , #, $, ? ... 등의 특수문자는 SAS의 이름을 구성하는 문자로 사용할 수 없다.

예
```
DATA   data_1;
PUT   x; INPUT   variable   a   b;
PROC PRINT; DO OVER   case; sumxy = x + y; prodxy = x * y;
PROC SORT ;
```

여기에서 영문 대문자는 모두 SAS 중심어(사용자는 소문자로 써도 무방함); 이 중 PRINT나 SORT는 중심어이면서 SAS의 처리절차의 이름; data_1은 SAS dataset의 이름; x, a, b, case, y 등은 변수의 이름; +, *, =은 연산자이다.

6.1.2 SPSS

SPSS(Statistical Package for the Social Science)는 역시 SAS와 같은 통계 패키지로 복잡하고 대형 자료를 간단하고 쉽게 통계 처리 분석할 수 있도록 만들어진 통계분석 전용 소프트웨어이다. 1969년도에 시카고 대학 National Opinion Research Center에서 사회과학 분야의 데이터 분석을 위해 만들어졌으며 SPSS를 이용하여 연구자들이 여러 데이터를 통계분석을 빠르고 쉽게 결과를 얻어낼 수 있다. 이 통계

패키지는 단순기술통계로부터 매우 다양하고 어려운 다변량 통계분석까지 원하는 결과를 간단하게 얻어낼 수 있게 해 준다. 때에 따라 업데이트되면서 현재 버전은 SPSS 28까지 나와 있으나 본 교재는 SPSS 22버전을 중심으로 설명하겠다.

SPSS 창의 종류

SPSS는 여러 개의 창(Windows)으로 구성되어 있으며, 각 창은 설명은 다음과 같다.

창	내 용
데이터 보기	데이터 입력하고 저장, 파일을 열어 통계분석을 수행
변수 보기	각 입력 변수의 특성을 지정
결과 뷰어	분석 결과, 도표 및 그림을 보여 주는 창으로 결과물을 수정/저장
피벗표 편집기	출력결과의 피벗테이블을 수정/편집하는 창
도표 편집기	결과 뷰어 창에 출력된 도표(그림)를 편집/저장
텍스트	피벗이나 도표와 같은 출력결과를 수정하는 창, 글꼴 등을 변경
명령문 편집기	분석 내용에 대한 명령문을 보관하고 수행하는 창
스크립트 편집기	매크로 형태의 스크립트와 OLE 기능 수행

SPSS 데이터 편집기 메뉴 설명

메뉴	내 용
파일(F)	새로운 데이터 작성과 다양한 유형의 자료에 관련된 기능을 수행
편집(E)	데이터 및 결과물을 복사, 삽입 등의 편집하는 기능을 수행
보기(V)	상태줄이나 격자선, 글꼴 등 표시, 변경하는 기능을 수행
데이터(D)	변수를 정의, 정렬 및 병합, 전치 등의 기능을 수행
변환(T)	새로운 변수를 생성하거나 변숫값 변환 등의 기능을 수행
다이렉트 마케팅(M)	다양한 마케팅 기법을 분석
분석(A)	분석하고자 하는 데이터에 대한 다양한 통계분석절차 수행
그래프(G)	데이터에 대한 그림이나 도표를 작성할 때 사용
유틸리티(U)	파일이나 변수의 정보를 표시
창(W)	윈도우 창간의 이동, 전환 및 메뉴 표시
도움말(H)	자습서 등 도움말 정보 표시

통계분석 절차

SPSS를 이용한 통계적 자료 분석과정은 다음과 같은 절차를 따라 수행하게 된다.

1) 데이터를 입력하고 분석 결과를 출력: "데이터 보기"에서 분석하고자 하는 데이터를 직접 입력하거나 기존에 입력한 데이터 파일(SPSS, Excel, ACSII 파일 등)을 불러온다.
2) 데이터의 변환과 및 관리: 필요한 경우 때에 따라서 입력된 데이터를 이용해서 원하는 조건을 만족하는 데이터만 추출 및 선택하거나 기존의 사용하던 변수를 이용하여 새로운 변수를 생성하고 분석한다.
3) 분석하고자 하는 메뉴 선택: 분석메뉴에서는 연구자가 데이터의 정리 및 분석할 데이터에 맞는 통계적 분석절차를 실행한다.
4) 분석하고자 하는 변수 선택: 분석메뉴 대화상자에서 분석하고자 하는 필요한 변수를 선택하여 지정한다.
5) 분석수행 및 결과검토: 분석하고자 하는 분석메뉴와 분석변수가 선택되면 분석메뉴를 실행하고 뷰어창을 통해 출력된 결과를 확인하고 검토한다.

이와 같은 과정을 통해 통계적인 분석을 진행하게 되며, SPSS에서 제공하는 통계분석 절차와 그래프를 메뉴별로 정리하면 다음과 같다(일부만 정리).

분석	내 용
보고서	사례 요약, 행열 요약보고서
기술통계	빈도분석, 기술통계, 탐색적 자료분석, 교차분석 등
테이블	다중응답세트 등
평균비교	그룹별 평균분석, 일표본 T검정, 독립표본 T검정, 일원 분산분석
일반선형모형	일변량분산분석, 다변량분산분석, 반복측도분석
일반화선형모형	일반화 선형모형, 일반화 추정방정식
혼합모형	선형, 일반화선형
상관분석	이변량 상관계수, 편상관분석, 거리측도
회귀분석	자동 선형 모델링, 선형, 곡선추정, 일부최소제곱 등
로그선형분석	일반로그선형분석, 로짓분석

분석	내 용
신경망	다중 레이어 퍼셉트론, 방사형 기본함수
분류분석	이단계 군집분석, K-means 군집분석
차원축소	요인분석, 대응일치 분석, 최적화 척도법
척도	신뢰도분석, 다차원 확장, 다차원 척도
비모수 검정	일표본, 독립표본, 대응표본
예측	모형생성, 모형적용, 계절분해, 스펙트럼분석
생존확률	생명표, Kaplan-Meier 생존분석, Cox 회귀모형
다중반응	다중으로 응답된 자료에 대한 분석
결측값 분석	결측값 분석
다중대치	패턴분석, 결측값 대치
복합표본	표본선택, 표본준비, 빈도 기술통계 등
시뮬레이션	시뮬레이션
품질관리	관리도, 파레토 차드
ROC곡선	ROC 곡선분석

앞 장에서 자료 모으기에 관하여 언급하였다. 그러면 그런 자료를 우리는 어떻게 보아야 하나? 모아진 자료에서 우리는 무엇을 얻을 수 있나? 얻어진 결과를 우리는 어떻게 보아야 하나? 모아진 자료는 기술통계 측면에서 여러 가지로 생각해 볼 수 있다. 본 장과 다음 세 장에서는 자료의 묘사, 요약, 표현, 분석, 해석 등을 알아보기로 하자.

예제 6.1 A대학교 통계데이터사이언스학과 학생들(50명)의 통계학 성적이 다음과 같이 나왔다고 하자.

89.0	59.0	77.0	85.0	73.0	52.0	84.0	79.0	87.0	89.0
73.0	82.0	75.0	66.0	71.0	90.0	70.0	51.0	78.0	62.0
88.0	75.0	60.0	58.0	66.0	80.0	61.0	53.0	74.0	64.0
73.0	67.0	68.0	78.0	78.0	71.0	52.0	75.0	82.0	62.0
67.0	82.0	68.0	58.0	54.0	69.0	68.0	80.0	76.0	75.0

이 중에 일부인 7명의 학생을 무작위로 뽑아 다음과 같은 성적을 얻었다.

학생	통계학 점수
1	59.0
2	66.0
3	71.0
4	88.0
5	78.0
6	75.0
7	75.0

6.2 자료 탐색

위의 7명의 학생의 점수를 근거로 다음과 같은 4가지 사실을 알 수 있다.

1. 7명의 점수는 원자료이다. 즉, 가공되지 않은 자료 그대로를 말한다.
2. 7명의 점수에서 6번째와 7번째 학생의 점수는 같은 75점이다.
3. 7명의 점수 중 최소점수는 59점이고 최대점수는 88점으로 점수의 차이는 29점이다.
4. 7명의 점수에서는 특이한 값, 즉 평균이 60~70점대인 점수에서 10점과 특이치(outlier)가 없다.

6.3 양적자료의 기술

수치적 자료를 기술하는 성질로 다음 2가지를 들 수 있다.

1. 대표치(central tendency)
2. 산포도(dispersion)

자료를 분석하고 해석하는 데 있어서 자료를 가장 잘 나타내는 기술적 척도로 대표치와 산포도를 들 수 있다. 표본으로부터 계산되어진 것이라면 우리는 그 척도를 **통계량**(statistics)이라 하고 모집단 전체로부터 계산되어졌다면 그 척도를 **모수**(parameter)라 한다. 보통 모르는 모수를 추정하기 위해서 통계량을 사용하게 되므로 앞으로 강조되는 것은 모수보다는 통계량이 될 것이다.

- 대표치
  어떤 분포에 대해 그 분포를 대표하는 하나의 수를 말함
- 산포도
  어떤 분포가 중심을 기준으로 얼마나 퍼져있는지를 나타내는 척도

6.4 대표치

대부분 일련의 자료들은 어떤 중심이 되는 값으로 몰리는 경향을 보인다. 그러므로 그 일련의 자료들은 그 전체의 자료들을 대표하는 어떤 하나의 수치적인 값으로 표현이 가능하게 된다. 그런 기술적인 대푯값을 나타내는 경우를 **대표치** 또는 대표의 척도라 한다. 이는 키, 몸무게, 성적 등과 같이 수치적인 평균을 구하고자 할 때 많이 쓰이는 계산적 대표치와 순서의 중앙 등과 같이 양적인 평균을 구하고자 할 때 많이 쓰이는 위치적 대표치로 나누고, 계산적 대표치에는 산술평균, 기하평균, 조화평균, 평방평균 등이 있으며, 위치적 대표치에는 중위수, 최빈수, 사분평균 등이 있다.

6.5 산포도

자료의 기술을 하는 데 있어서 두 번째로 중요한 것은 자료의 퍼짐이다. 즉 자료가 평균을 중심으로 어느 정도 흩어져 있는가를 나타내는 정도를 **산포도**라 하고, 산포도의 종류로는 범위, 분산, 표준편차, 사분편차 등이 있다.

6.6 자료의 모양

자료의 모양이 오른쪽 또는 왼쪽으로 치우쳤는지는 보는 왜도, 그리고 분산의 크기에 따라 평균에 몰려있는지 아니면 퍼져있는지를 보는 첨도가 있다.

6.7 모집단에서의 기술적인 요약

앞 절에서는 일련의 양적자료의 기술적인 요약을 하는 방법을 표본 $n=7$을 통해 연구하였다. 그러나 표본이 아닌 전체의 모집단의 자료를 사용할 수 있다고 가정하자. 본 예의 경우에는 $N=50$이 된다. 자료로부터 측정 결과를 앞에서 얻었던 방법을 통해 중요한 몇 가지를 얻을 수 있다.

앞에서의 **예제** 6.1 A대학교 통계데이터사이언스학과 학생들(50명)의 통계학 성적을 다음과 같이 나열하였을 때 이 자료를 이용하여 앞에서 배운 값들을 구하여 보자.

89.0	59.0	77.0	85.0	73.0	52.0	84.0	79.0	87.0	89.0
73.0	82.0	75.0	66.0	71.0	90.0	70.0	51.0	78.0	62.0
88.0	75.0	60.0	58.0	66.0	80.0	61.0	53.0	74.0	64.0
73.0	67.0	68.0	78.0	78.0	71.0	52.0	75.0	82.0	62.0
67.0	82.0	68.0	58.0	54.0	69.0	68.0	80.0	76.0	75.0

SAS 프로그램

```
data kim;
 input x@@;
cards;
89.0 59.0 77.0 85.0 73.0 52.0 84.0 79.0 87.0 89.0
73.0 82.0 75.0 66.0 71.0 90.0 70.0 51.0 78.0 62.0
88.0 75.0 60.0 58.0 66.0 80.0 61.0 53.0 74.0 64.0
73.0 67.0 68.0 78.0 78.0 71.0 52.0 75.0 82.0 62.0
67.0 82.0 68.0 58.0 54.0 69.0 68.0 80.0 76.0 75.0
;
proc univariate;
run;
```

SAS 결과

UNIVARIATE 프로시저
변수: x

적률			
N	50	가중합	50
평균	71.48	관측값 합	3574
표준 편차	10.644995	분산	113.315918
왜도	-0.1951487	첨도	-0.730757
제곱합	261022	수정 제곱합	5552.48
변동계수	14.8922706	평균의 표준 오차	1.50542963

기본 통계 측도			
위치측도		변이측도	
평균	71.48000	표준 편차	10.64499
중위수	73.00000	분산	113.31592
최빈값	75.00000	범위	39.00000
		사분위 범위	15.00000

위치모수 검정: Mu0=0				
검정	통계량		p 값	
스튜던트의 t	t	47.48146	Pr > |t|	<.0001
부호	M	25	Pr >= |M|	<.0001
부호 순위	S	637.5	Pr >= |S|	<.0001

분위수(정의 5)	
레벨	분위수
100% 최댓값	90
99%	90
95%	89
90%	86
75% Q3	79
50% 중위수	73
25% Q1	64
10%	56
5%	52
1%	51
0% 최솟값	51

극 관측값			
최소		최대	
값	관측값	값	관측값
51	18	87	9
52	37	88	21
52	6	89	1
53	28	89	10
54	45	90	16

SPSS 프로그램 ☞ 분석(A) ⇒ 기술통계량(E) ⇒ 기술통계(D)

SPSS 결과

기술통계													
	N	범위	최솟값	최댓값	합계	평균		표준편차	분산	왜도		첨도	
	통계	통계	통계	통계	통계	통계	표준오차	통계	통계	통계	표준오차	통계	표준오차
VAR10	50	39.00	51.00	90.00	3574.00	71.4800	1.50543	10.64499	113.316	-.195	.337	-.731	.662

〈대표치〉

평균: $\mu = \dfrac{\sum_{i=1}^{50} X_i}{50} = \dfrac{3574}{50} = 71.48$

중위수: 자료가 50개이므로 중위수의 위치는 $\dfrac{\left(X_{\frac{N}{2}}\right) + \left(X_{\frac{N}{2}+1}\right)}{2} = \dfrac{X_{25} + X_{26}}{2}$ 이다.

즉, 25번째와 26번째 사이의 평균이 중위수가 된다.

$$M_e = \frac{X_{(25)} + X_{(26)}}{2} = \frac{73+73}{2} = 73$$

최빈수: 빈도수가 가장 많은 것은 75.0이다

중간범위: $M_i = \dfrac{X_{smallest} + X_{largest}}{2} = \dfrac{51+90}{2} = 70.5$

〈산포도〉

범위: $R = X_{largest} - X_{smallest} = 90 - 51 = 39$

분산: $\sigma^2 = \dfrac{\sum_{i=1}^{N}(X_i - \mu)^2}{N} = 113.316$

표준편차: $\sigma = \sqrt{\sigma^2} = 10.645$

사분편차: $Q_d = \dfrac{Q_3 - Q_1}{2} = \dfrac{79-64}{2} = 7.5$

(제 1사분위수: $Q_1 = 64$, 제 3사분위수: $Q_3 = 79$)

〈분포의 모양〉

왜도: $a_3 = \dfrac{\mu_3}{\sigma^3} = -0.195149$, 첨도: $a_4 = \dfrac{\mu_4}{\sigma^4} - 3 = -0.730757$

PART

7

자료 표현하기

7.1 들어가기에 앞서

앞 장에서 언급했듯이 일반적으로 통계조사에서는 전체 모집단보다는 표본에서 자료를 얻는 것이 보편적이다. 그러나 표본이든 모집단이든 일련의 자료들을 어떤 수치적인 값으로 요약하기보다는 도표나 그림으로 나타내면 보다 많은 정보를 시각적으로 빠르게 전달할 수 있다. 본 장에서는 일련의 자료들을 분석하고 해석하는 데 도움이 되게 하기 위해서 도표나 그림을 어떻게 효과적으로 사용해야 하는지를 볼 것이다.

7.2 양적자료의 표현: 도수분포

예제 6.1의 원자료($N=50$)를 사용하여 좀 더 일목요연하게 도표나 그림으로 표현해 보자. 좀 더 보기 쉽게 크기 순서로 배열한 다음, 일단 한번 정리가 된 자료들을 좀 더 간결하게 요약될 수 있는 도표를 만들 수 있다. 일련의 순서화된 자료들을 적절한 단계로 나눈 것을 **도수분포(frequency distribution)**라 한다.

도수분포는 관찰된 자료를 적당한 크기의 구간으로 나누어 단계별 관찰값 수를 대응시킨 표를 말한다.

7.2.1 단계의 수 결정

단계는 자료의 수에 따라 달라진다. 즉 자료가 많을수록 단계의 개수가 많아지고 자료가 적을 경우에는 역시 단계의 개수는 적어진다. 그러나 일반적으로 단계의 개수에 대한 명확한 공식은 없으나, 50~200개의 자료에 대하여는 흔히 $\sqrt{n}$을 중심으로 ±3개의 범위 내에서 정하는 게 보통이다. 만일 단계의 개수가 너무 작으면 각 단계에서 자료들의 분포상태에 관한 정보를 알 수 없게 되고 단계가 너무 많으면 자료의 전반적인 형태를 알기가 어렵다.

[표 7.1] 단계가 하나인 생물통계학 점수

	점수	인원
통계학 점수	51~90	50명
합 계		50명

7.2.2 단계 구간의 결정

도수분포표를 만들기 위해서는 동일한 범위의 각 단계치를 만드는 것이 바람직하다. 각 단계의 범위는 자료의 범위에 원하는 단계의 개수를 나눈다.

$$\text{단계의 구간 범위} = \frac{\text{자료의 범위}}{\text{단계의 개수}}$$

예제 6.1에서 50개의 자료이므로 약 8개($\sqrt{50} = 7.07$)[1]로 나누고 자료의 범위가 $90.0 - 51.0 = 39.0$이므로 단계의 구간범위는 다음과 같다.

$$\text{단계의 구간범위} = \frac{39}{8} = 4.875$$

따라서 약 8단계를 정하고 각 단계마다 구간의 범위를 5점씩 정하게 된다.

7.2.3 단계의 경계면 결정

도수분포표를 만들기 위해서는 원자료들이나 순서화된 자료들이 적절한 배분이 되도록 각 단계치에 대해 단계의 경계를 명확히 해야 한다.

1) 원래는 7로 나누는 것이 상식이나 구간을 나눌 때 읽기 쉽게 하기 위하여 8로 나누었다(즉, 8로 나누면 구간 끝값이 51~55, 56~60, … 같이 보기 쉽게 된다).

[표 7.2] 구간에 따른 빈도 분포

구간		빈도	누적빈도
51~55	•••••	5	5
56~60	••••	4	9
61~65	••••	4	13
66~70	•••••••••	9	22
71~75	••••••••••	10	32
76~80	••••••••	8	40
81~85	•••••	5	45
86~90	•••••	5	50
합계		50	

7.3 양적자료의 표현: 상대도수분포와 백분빈도

도수분포표는 자료분석이 용이하게 하기 위하여 원자료를 축약하거나 단계화한 도표이다. 그러나 좀 더 용이한 분석을 하기 위해서는 비율이나 백분위수를 이용하는 상대도수분포나 백분빈도를 이용할 수 있다. 이에 관한 것은 [표 7.3], [표 7.4]에 있다. 상대도수분포는 도수분포의 각 단계의 도수에 총 자료의 수를 나눈 것으로 이루어진다. 백분빈도는 각 단계의 상대도수에 100을 곱한 것이다. 그러므로 [표 7.3]에서 51.0점과 55.0점 사이의 상대도수가 0.10이 되고 백분율은 10%이다.

[표 7.3] 구간에 따른 상대도수분포와 백분빈도

구간	상대도수분포	백분빈도
51~55	0.10	10
56~60	0.08	8
61~65	0.08	8
66~70	0.18	18
71~75	0.20	20
76~80	0.16	16
81~85	0.10	10
86~90	0.10	10
합계	1	100

이번에는 40명의 S대학교 통계학과 학생의 통계학 점수와 50명의 A대학교 통계 데이터사이언스학과 학생의 통계학 점수를 비교하고자 한다. S대학교 40명의 점수는 다음과 같다.

88.0	78.0	71.0	65.0	70.0	73.0	71.0	70.0	51.0	78.0
89.0	77.0	75.0	71.0	80.0	55.0	70.0	53.0	67.0	73.0
75.0	82.0	62.0	68.0	69.0	76.0	75.0	78.0	71.0	83.0
75.0	61.0	53.0	74.0	64.0	61.0	75.0	66.0	71.0	90.0

[표 7.4] 구간에 따른 S대학교 40명의 빈도와 누적빈도

구간		빈도	누적빈도
51~55	••••	4	4
56~60		0	4
61~65	•••••	5	9
66~70	•••••••	7	16
71~75	•••••••••••••	13	29
76~80	•••••	5	34
81~85	•••	3	37
86~90	•••	3	40
합계		40	100

S대학교의 40명의 통계학 점수와 A대학교의 50명의 통계학 점수를 비교하기 위하여 다음과 같은 백분빈도표를 만들었다. [표 7.5]은 S대학교의 40명의 통계학 점수 관한 상대도수분포와 백분빈도를 나타낸다. 또 [표 7.6]은 두 대학교의 백분빈도를 나타내주고 있다.

[표 7.5] 구간에 따른 S대학교 40명의 상대도수분포와 백분빈도

구간	상대도수분포	백분빈도
51~55	0.1	10
56~60	0.0	0
61~65	0.125	12.5
66~70	0.175	17.5
71~75	0.325	32.5
76~80	0.125	12.5
81~85	0.075	7.5
86~90	0.075	7.5
합계	1	100

[표 7.6] A대학교와 S대학교 학생들의 통계학 점수 비교

구간	A대학	S대학
51~55	10	10
56~60	8	0
61~65	8	12.5
66~70	18	17.5
71~75	20	32.5
76~80	16	12.5
81~85	10	7.5
86~90	10	7.5
합계	100	100

7.4 양적자료의 그래프화: 히스토그램과 다각형

'잘된 그림은 천 마디 말의 가치가 있다.'라고 이야기들을 한다. 많은 연구자들은 일련의 자료들을 숫자로 표현하는 것보다 그림으로 나타내는 것이 효과적이라는 것을 말하는 것이다. 특히 히스토그램이나 다각형은 도수분포, 상대도수분포, 백분빈도 등을 기술하는 데 사용되는 그림이다.

7.4.1 히스토그램(histogram)

히스토그램은 도수분포를 도형화할 때 각 단계에 따른 도수의 크기를 막대의 높이로 표시한 그림을 말한다.

히스토그램이 그려질 때는 가로축은 확률변수나 관심사를 나타내게 되고 세로축은 각 단계의 도수 히스토그램이냐, 상대도수 히스토그램이냐, 백분 히스토그램이냐에 따라 자료의 도수비율, 백분위를 나타낸다.

[그림 7.1]은 A대학교 학생 50명의 통계학 점수의 도수 히스토그램이다. 그러나 3개 이상이 일련의 자료들을 비교하고자 할 때는 동시에 한 면에 겹쳐서 히스토그램을 그릴 경우 도수막대가 겹치므로 해석하기가 어렵다. 따라서 여러 개의 일련의 자료들을 비교하기 위한 그림이 다각형이다.

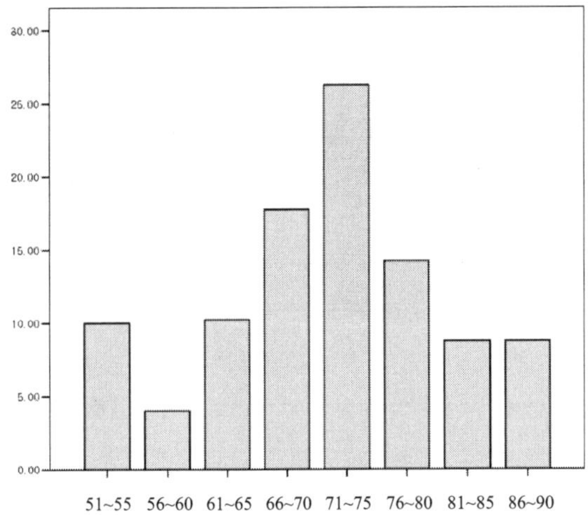

[그림 7.1] A대학교 학생의 도수 히스토그램

7.4.2 다각형(Polygon)

다각형도 히스토그램과 마찬가지로 그림을 그릴 때 가로는 확률변수나 관심사가 되고 세로는 각 단계의 관찰치의 개수가 된다. 다각형은 각 단계치의 중앙점을 연결하여 표시한 그림을 말한다. [그림 7.2]는 A대학교 학생의 통계학 점수의 관한 백분위 다각형을 말하고 [그림 7.3]은 S대학교 학생들의 통계학 점수의 다각형과 A대학교 학생들의 통계학 점수의 다각형을 비교한 것이다.

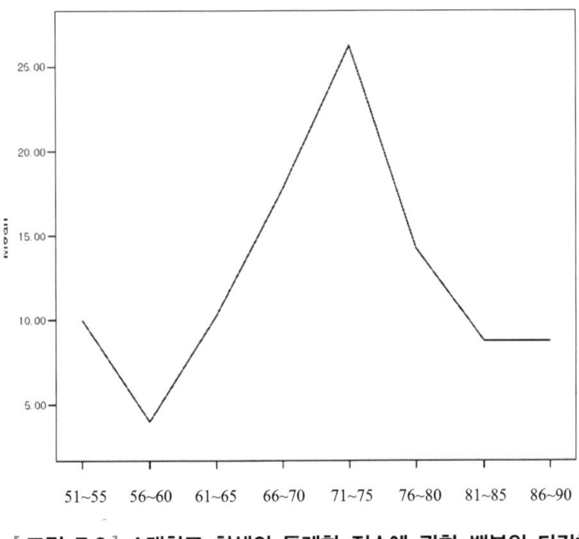

[그림 7.2] A대학교 학생의 통계학 점수에 관한 백분위 다각형

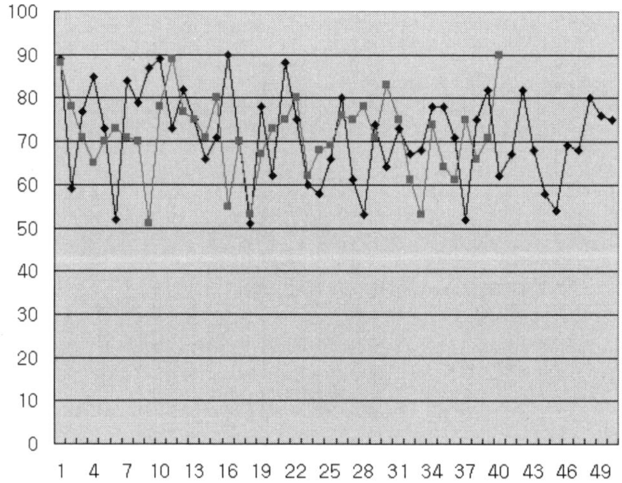

[그림 7.3] S대학교와 A대학교 학생의 통계학 점수 다각형

7.5 질적자료의 자료 표현: 요약도표

범주형 변수의 자료들은 요약도표로 요약을 할 수 있고 막대도표나 파이형 도표로 그림을 그릴 수 있다. 예를 들어 A대학교 통계데이터사이언스학과 학생 50명 중 호감이 가는 지지정당을 4당 중의 하나를 표시하라고 할 때 23명이 A정당을 지지하였고 12명이 B정당을, 8명이 C정당을 그리고 나머지 7명이 D정당을 지지하였다 하자[표 7.4]. 이런 정보를 이용하여 다음과 같은 도수분포와 백분빈도를 얻었다. 따라서 [표 7.4]에 의하면 A대학교 통계데이터사이언스학과 학생이 A정당을 지지하는 비율은 46%이다.

[표 7.7] 각 정당에 대한 빈도와 백분위

지지정당	빈도	백분위
A정당	23	46
B정당	12	24
C정당	8	16
D정당	7	14
합계	50	100

7.6 질적자료의 표현

질적인 자료정보를 그래프적으로 표현하기 위해 백분막대 차트나 파이형 도표를 그릴 수 있다. 자세한 것은 그래프에 관련된 교과서를 참고하라.

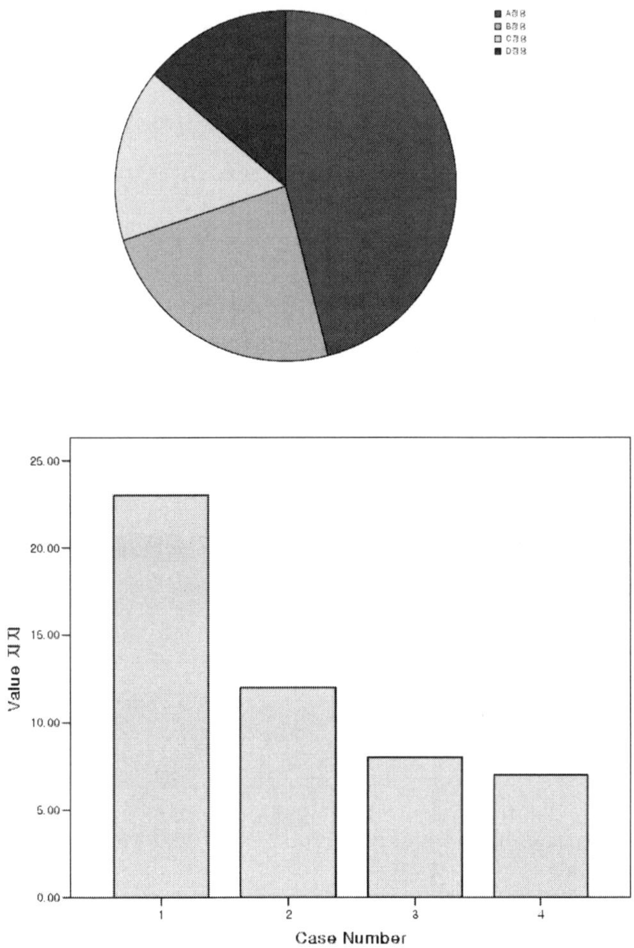

[그림 7.4] 파이형 도표와 백분위 막대차트

7.7 설문지 예제(SPSS 기초자료 분석)

3.8장에 나온 설문지 결과를 갖고 기초자료 분석을 하고자 한다.

SPSS 기초통계량 및 빈도분석

연구자는 각종 통계분석에 앞서 가장 먼저 해야 할 것은 측정된 데이터들이 어떤 분포의 특징을 가지고 있는지 알아볼 필요가 있다. 즉 데이터 분포의 특징이란 데이터가 어느 곳에 몰려 있는지, 또는 흩어져 있는지를 그림이나 기초통계량으로 간단히 확인하는 것을 말한다. 분포의 특징은 평균, 분산, 빈도 등을 확인함으로써 알 수 있다.

〈기술통계분석〉

일반적으로 기초통계 분석으로 범주형 데이터의 특징을 살펴볼 때는 빈도분석 혹은 교차분석을 사용하며, 연속형 데이터는 기술통계를 통해 평균과 분석을 살펴본다.

SPSS 프로그램 **분석(A) ⇒ 기술통계량(E) ⇒ 기술통계(D)**

나이와 초임임금의 평균을 알아보자.

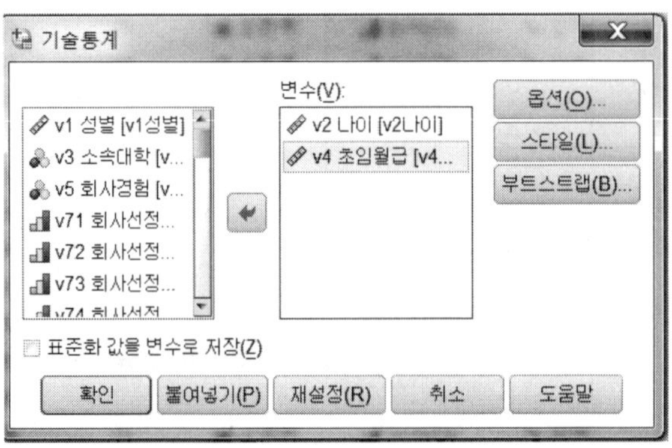

SPSS 결과

기술통계					
	N	최솟값	최댓값	평균	표준편차
v2 나이	211	18	49	21.95	2.794
v4 초임월급	205	120	600	230.80	73.653
유효한 N(목록별)	205				

〈빈도분석 실행〉

빈도분석(Frequency Analysis)은 도수분포표나 막대그림을 이용하여 측정된 데이터들이 지닌 분포의 특징을 알게 하여 준다. 분포의 특징은 데이터가 어느 곳에 몰려 있으며, 또한 어느 정도 흩어져 있으며, 정규분포를 기준으로 어느 정도 퍼져있는지, 뾰족한지, 왼쪽 또는 오른쪽으로 치우쳐져 있는지를 나타낸다. 이러한 분포의 특성은 평균, 분산, 빈도, 첨도 왜도 등과 같은 수치로 파악할 수 있다.

SPSS 프로그램 **☞ 분석(A) ⇒ 기술통계량(E) ⇒ 빈도분석(F)**

SPSS 결과

성별 빈도분석

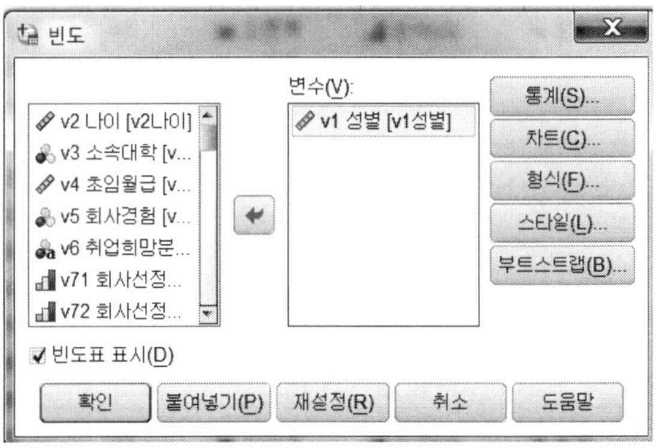

〈결과〉

v1 성별					
		빈도	퍼센트	올바른 퍼센트	누적 퍼센트
유효함	남성	95	45.0	45.0	45.0
	여성	116	55.0	55.0	100.0
	총계	211	100.0	100.0	

여기서 퍼센트는 전체 케이스 수 대비 빈도의 비율을 나타내며, 유효 퍼센트는 결측값을 제외한 케이스 수 대비 빈도의 비율을 나타낸다. 다음은 빈도분석 시 옵션에 따라 제시되는 통계량의 설명이다.

백분위수값	
□ 사분위수	사분위수로서 25번째, 50번째, 75번째 출력
□ 절단점	전체 케이스를 지정한 수만큼의 동일집단으로 나누는 기준값들
□ 백분위수	연구자가 0과 100 사이의 원하는 값을 입력할 수 있다.
중심경향	
□ 평균	데이터 전체를 합한 후에 데이터 총 개수로 나눈 값
□ 중앙값	데이터를 크기 순서대로 배열한 상태의 정중앙값
□ 최빈값	데이터에서 빈도수가 가장 높은 관찰값
□ 합계	데이터들의 총합
산포도	
□ 표준편차	분산의 제곱근
□ 분산	각 편차 제곱의 합을 데이터의 수로 나눈 값
□ 범위	데이터의 최댓값과 최솟값의 차이
□ 최솟값	데이터의 최솟값
□ 최댓값	데이터의 최댓값
□ S.E. 평균	표본평균의 분산에 제곱근을 취한 표준편차
분포	
□ 왜도	분포의 편중(치우침)
□ 첨도	분포의 뾰족한 정도

PART

8

탐색적 자료분석

STATISTICAL
ANALYSIS

8.1 들어가기에 앞서

양적인 자료를 분석하는 데 전통적인 기술통계 분석 이외에 요즈음은 탐색적 자료 분석 방법이 많이 사용되고 있다. 본 장에서는 탐색적 자료분석을 소개하고자 한다. 이 분석이 기술통계학에 어떻게 사용되고 자료정보를 좀더 쉽게 이해하는 데 어떻게 도움이 되는지 보여 줄 것이다.

8.2 줄기와 잎사귀 그림표(stem and leaf plot)

앞에서 많은 양의 자료들을 다룰 때 도표, 그림과 기술적인 요약을 하기 위해서는 자료를 순서화하는 것이 편리하였다. 그러나 일련의 자료들이 많은 경우에는 그 자료를 순서화한다는 것은 무척이나 어렵고 힘든 일이다. 그런 경우 그런 특징을 연구하기 위한 방법이 줄기와 잎사귀 그림표이다. [그림 8.1]은 A대학교 학생들의 통계학 점수를 줄기와 잎사귀 그림표로 나타낸 것이다. 이런 그림표를 개발하기 위해서는 세로축의 왼쪽에 '줄기'가 표시되고 가로축으로는 '잎사귀'가 뻗어난다. 이 세로축 단위는 10 단위로 표시하였다.

```
5 | 92183284
6 | 6206147827898
7 | 739351085438881565
8 | 9547928220
9 | 0
```

[그림 8.1] A대학교 학생들의 통계학 점수의 줄기와 잎사귀 그림표

8.2.1 줄기와 잎사귀 만들기

줄기와 잎사귀를 만드는 과정으로 우선 가장 큰 값과 작은 값 사이의 모든 값들을

세로로 일단 나열한다. 그리고 차례로 값에 대한 결과를 그 단위값 옆에 차례로 적어 나가면 된다. 예를 들어 첫 번째 값이 89.0이므로 8 옆에 9라는 숫자는 기입하고 두 번째는 59.0이므로 5 옆에 9를 기입한다. 이런 순서로 '줄기' 옆으로 '잎사귀'를 붙여나가는 것이다. [그림 8.1]은 원자료의 값들 그대로 나열을 하여 쓴 것이고 [그림 8.2]는 순서대로 재정리하여 만든 줄기와 잎사귀 그림표이다. 만일 자료의 개수가 많아 줄기의 수를 좀 더 늘려 줄기와 잎사귀 그림표를 그리고자 할 때는 줄기 한 단위마다 분리하여 0에서 4 사이의 값에는 L, 5에서 9까지는 H로 재편집하여 사용할 수가 있다. 이를 분할줄기라 한다. [그림 8.3]은 분할줄기를 나타내고 있다.

```
5 | 12234889
6 | 0122466778889
7 | 011333455556788889
8 | 0222457899
9 | 0
```

[그림 8.2] A대학교 학생들의 통계학 점수의 줄기와 잎사귀 그림표(재정리)

```
5L | 12234
5H | 889
6L | 01224
6H | 66778889
7L | 0113334
7H | 55556788889
8L | 02224
8H | 57899
9L | 0
```

[그림 8.3] A대학교 학생들의 통계학 점수의 줄기와 잎사귀 그림표(분할줄기)

8.2.2 줄기와 잎사귀 그림표의 중요성

아마도 줄기와 잎사귀 그림표는 기술통계학에서 가장 많이 사용하는 방법일 것이다. 그러므로 줄기와 잎사귀 그림표는 각각의 자료들을 포함한 원 정보의 손실이 없이 순서화 척도, 도수분포, 도수 히스토그램을 하나로 볼 수 있는 것이 된다.

이러한 줄기와 잎사귀 그림표의 여러 가지 특징을 다시 보기 위하여 [그림 8.2]를 다시 보자. 만일 한줄기에서 한줄기로 따라가 보면 연속적인 순서화 된 자료를 볼 수 있다. 또 각 줄기마다 잎사귀들의 합을 볼 경우 도수분포를 얻을 수 있다. 마지막으로 줄기와 잎사귀 그림표를 90도 돌려보면 각 줄기별로 도수의 히스토그램이 얻어진다.

```
5 | 12234889
6 | 0122466778889
7 | 011333455556788889
8 | 0222457899
9 | 0
```

[그림 8.4] 그림표를 90도 돌린 각 줄기별 도수 히스토그램

8.3 사분위수 얻기

사분위수에 대해 다시 한번 언급하기로 하자. 대표치, 산포도 모양의 척도뿐 아니라 자료를 요약하거나 기술할 때 '비중심' 위치척도가 유용할 때가 있다. 그 척도를 분위수라 한다. 가장 많이 쓰이는 것으로 사분위와 백분위가 있다. 중위수는 순서화된 자료의 중간값이지만 사분위수는 순서화된 자료를 네 등분으로 나누는 기술척도이며 백분위는 순서화된 자료를 백등분으로 나누는 기술척도이다.

제1사분위수, Q_1은 일련의 자료들 중 25%가 Q_1보다 적고 75%가 Q_1보다 큰 경우이다.

제2사분위수, 즉 중위수, Q_2는 일련의 자료들 중 50%가 Q_2보다 적고 50%가 Q_2보다 큰 경우이다.

제3사분위수, Q_3는 일련의 자료들 중 75%가 Q_3보다 적고 25%가 Q_3보다 큰 경우이다.

N개의 모집단에서 사분위수 분할방법은 6.4절에서 언급하였으므로 여기서는 결과만 보기로 한다.

$$Q_1 = \frac{(N+1)}{4}\text{번째 관찰치} = \frac{50+1}{4} = 12.75 \rightarrow 13\text{번째 관찰치}$$

따라서 제1사분위수는 $Q_1 = 64.0$이며,

$$Q_2 = \frac{2(N+1)}{4}\text{번째 관찰치} = \frac{50+1}{2} = 25.5 \rightarrow 25.5\text{번째 관찰치}$$

따라서 제2사분위수(중위수)는 $Q_2 = 73.0$이며, 즉 25번째와 26번째의 관찰치의 평균이다. 여기서는 25번째와 26번째 관찰치 모두 73이다.

$$Q_3 = \frac{3(N+1)}{4}\text{번째 관찰치} = \frac{3(50+1)}{4} = 38.25 \rightarrow 38\text{번째 관찰치}$$

따라서 제3사분위수는 $Q_4 = 79.0$이다.

8.4 사분위 평균(interquartile mean)

사분위 평균은 일련의 자료들의 제1사분위수와 제3사분위수의 평균을 말한다.

$$Q = \frac{Q_1 + Q_3}{2}$$

사분위 평균의 장점은 극단적인 값에 영향을 안 받는다는 것이다. 그러나 앞에서 언급한 중간범위는 극단적인 값에 영향을 받는다. 따라서 예의 결과는 다음과 같다.

$$\text{사분위 평균} = \frac{(64.0+79.0)}{2} = 71.5$$

8.5 사분위 범위(interquartile range)

제3사분위수(Q_3)와 제1사분위수(Q_1)와의 차이(즉, $Q_3 - Q_1$)를 사분위 범위라 한다.

이 간단한 척도는 자료들 중 중앙 50%의 자료의 퍼짐을 나타내는 것으로 역시 극단값에 영향을 받지 않는다. 따라서 예에서

$$\text{사분위 범위} = Q_3 - Q_1 = 79.0 - 64.0 = 15.0$$

이 값은 통계학 점수의 중간그룹들의 범위가 된다.

8.6 다섯 숫자의 요약

일련의 자료들의 중요한 특징을 파악하기 위해서 탐색적 자료분석은 극단적인 값에 대한 민감 정도를 알 수 있는 대표성과 퍼짐성의 척도를 이용하고 있다. 즉 중위수, 사분위 평균, 사분위 범위가 극단값의 민감 정도를 아는 데 사용되어 진다. 만일 이러한 값들이 동시에 표현될 수 있다면 분포의 모양을 좀 더 쉽게 볼 수 있을 것이다. 보통 다음과 같은 다섯 숫자를 한 번에 나타낼 수 있다면 일련의 자료를 한 눈으로 파악할 수 있을 것이다.

$$X_{smallest}\ (\text{최소값}) \quad Q_1 \quad \text{중위수} \quad Q_3 \quad X_{largest}\ (\text{최대값})$$

요약된 다섯 숫자는 분포의 모양을 연구하는 데 도움이 될 것이다. 만일 일련의 자료들이 완전히 대칭이라면 다음과 같은 사실을 얻을 수 있다.

1. Q_1에서 중위수까지의 거리는 Q_3에서 중위수까지의 거리와 같다.
2. $X_{smallest}$에서 Q_1까지의 거리는 $X_{largest}$에서 Q_3까지의 거리와 같다.

3. 평균, 중위수, 사분위 평균은 같다.

예에서 이런 사실들과 약간의 차이는 보이지만 거의 비슷한 것을 볼 수 있다. 따라서 예에서의 자료들은 “어느 정도는 대칭적이다.”라고 결론을 내릴 수 있다. 반대로 대칭이 아닌 분포들은 다음과 같은 사실을 알 수 있다.

1. 왼쪽으로 치우친 분포는 $X_{smallest}$에서 Q_1까지의 거리는 $X_{largest}$에서 Q_3까지의 거리보다 짧다.
2. 오른쪽으로 치우친 분포는 $X_{smallest}$에서 Q_1까지의 거리는 $X_{largest}$에서 Q_3까지의 거리보다 길다.

8.7 상자와 수염그림

탐색적 자료분석의 또 다른 형태인 상자와 수염그림은 다섯 숫자의 요약을 통한 그림표이다. 예에서 도출된 그림은 [그림 8.5]에 있다. 상자 내의 가로 선은 중위수를 나타낸다. 게다가 상자의 왼쪽 면은 제1사분위수(Q_1)의 위치를 나타내며, 상자의 오른쪽 면은 제3사분위수(Q_3)의 위치를 나타낸다. 따라서 자료들의 중앙 50%는 이 상자 안에 다 포함되는 셈이다. 나머지 자료들의 아래 25%는 왼쪽의 가장 적은 값($X_{smallest}$)까지 직선으로 연결하여 표현하며, 나머지 자료들의 위의 25%는 오른쪽의 가장 큰 값($X_{largest}$)까지 직선으로 연결하여 표현한다. 다음은 A대학교 학생들의 통계학 시험 결과를 상자와 수염그림 형태로 표시한 것이다.

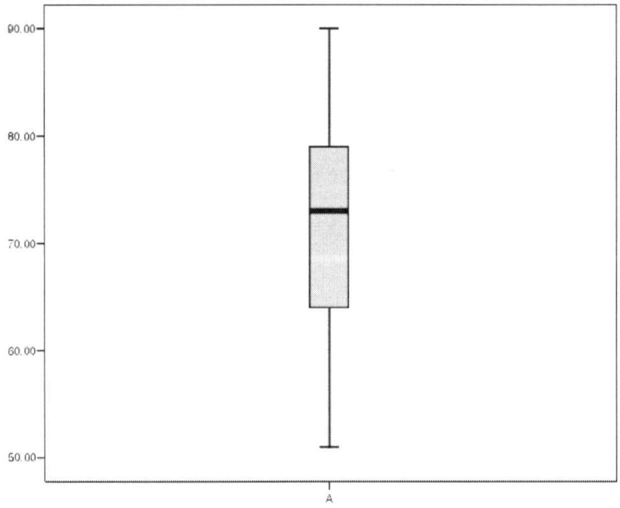

[그림 8.5] 다섯 숫자의 요약을 통한 상자와 수염 그림

이 그림을 보면서 알 수 있는 것은 가운데 중위수를 중심으로 거의 대칭이라는 것이다. 즉 분포가 대칭이라는 말과 같다. 우선 중위수가 상자의 가운데 위치해 있고 양쪽 수염의 길이가 거의 같은 것을 알 수 있다.

PART

9

하나 또는 두 그룹의 평균 비교

STATISTICAL
ANALYSIS

9.1 들어가기에 앞서

본 장에서는 모집단의 평균이나 비율의 값을 추정하는 방법으로서 신뢰구간에 그 초점을 맞추려 한다. 따라서 통계추론의 또 다른 면인 가설검정을 언급할 것이다. 이는 간단한 정보에 근거하여 모집단 특성에 관하여 결정을 내리는 방법이다.

예제 9.1 대학교수인 P는 과거 20년 동안 가르쳐온 A과목에 대해 그 점수의 평균이 2.5이며 표준편차가 0.4임을 알고 있다. 그런데 P는 이번 학기 학생들의 평균성적이 과거 학생들의 평균성적과 차이가 있는지를 알고 싶다.

위에서 언급한 각각의 상황에 대해 P는 표본을 근거로 의사결정을 해야 한다. 이 장에서 이 개념을 가설검정의 새로운 개념에 확장시키고자 한다. P의 첫 번째 문제에 대해 다음과 같은 두 가지 결정을 내릴 수 있다.

1. 평균성적이 2.5와 같다.
2. 평균성적이 2.5와 같지 않다.

통계적 가설검정(statistical hypothesis test)을 세우기 위해 이 두 결정을 다음과 같이 표현할 수 있다.

$$H_0 : \mu_X = 2.5 \text{ (귀무가설)}$$
$$H_1 : \mu_X \neq 2.5 \text{ (대립가설)}$$

이 예에서 귀무가설 H_0는 평균성적이 변하지 않을 경우에 이끌어 낼 결론을 나타낸다. 귀무가설(null hypothesis)은 기존에 존재해 왔던 사항이 된다. 대립가설(alternative hypothesis)이란 귀무가설에 반하는 것으로 우리가 조사하고자 결론을 내리고 싶은 내용이다. 표본에 근거해서 모집단의 성적이 2.5와 같은지 아니면 그렇지 않은지를 가설검정 하고자 한다. 예를 들어 표본평균 성적이 2.493이면 표본평균 성적이 2.5와 같지 않기 때문에 귀무가설을 기각하려고 할 것이다. 그러나 직관적으로 2.493은 2.5와 비슷하다는 생각을 하게 될 것이다. 반대로, 표본평균 성적이 3.4이면 2.5와 너무 차이가 나기 때문에 이 경우에는 2.493을 얻었을 때보다 더 큰 확신으로 2.5와 같지 않다고 말할 수 있다. 따라서, 이 경우 모집단의 평균 점수가 2.5라는 귀무가설을 인정하기가 어렵게 된다. 그러므로 그 평균을 2.5가 아니라고 말할 수가 있다. 그렇지만, 의사결정 과정에서 "큰 확신"이라는 의미를 어떻게 해석해야 하나? 즉, 2.5와 가깝다. 2.5와 차이가 난다를 어느 수준을 근거로 이야기할 수 있을까? 이런 이유에서 가설검정에 확률 개념이 도입된다. 이것은 표본통계량이 따르는 확률분포를 결정하고 적당한 **검정통계량**(test statistic)을 계산함으로써 얻을 수 있다. 이 검정통계량은 표본값이 귀무가설의 값에 얼마나 근접하는지를 아는 척도이다. 검정통계량은 잘 알려진 통계분포를 따르게 된다. 검정통계량의 분포는 두 부분의 영역으로 나누게 되는데, **기각역**(rejection region)과 **채택역**(acceptance region)으로 나누게 된다.

9.2 제1종 오류와 제2종 오류

모수에 관한 결론을 얻기 위해서 표본을 사용하기 때문에 오류를 얻게 될 위험이 있다. 모수에 관한 의사결정을 하기 위해서 가설검정에서 발생하는 두 종류의 오류가 있다.

첫 오류를 **제1종 오류**(Type Ⅰ error)라 부르는데 제1종 오류의 확률은 α라 부른다. 제1종 오류는 실제로 귀무가설이 사실인데 기각하는 경우에 발생한다. **예제 9.1**에서 제1종 오류는 실제 평균 정도가 2.5인데 평균 점수가 2.5가 아니라고 결론을 내리는 것이다. 제1종 오류의 확률은 **유의수준**(level of significance)이라고 부른다. 전통적으로 통계학자들은 이 제1종 오류에 제약을 가한다. 물론, 특별한 유의수준 α의 선택은 제1종 오류를 만드는 비용과 관련이 있다. 일단 α가 명시되면 기각역의 크기는 알 수 있다. 이는 α가 귀무가설 하에 기각할 확률이기 때문이다. 이런 사실에 근거하여 기각값이 결정된다.

두 번째 오류는 **제2종 오류**(Type Ⅱ error)라 부른다. 이것은 β라 표시한다. 제2종 오류는 귀무가설을 기각해야 하는데 귀무가설을 기각하지 않는 경우에 발생한다.

예제 9.1에서 모집단의 평균 점수가 2.5와 다른데 평균 점수가 2.5와 같다고 결론을 내리는 경우 제2종 오류가 발생한다. 제2종 오류는 사전에 명시하는 제1종 오류와 달리 평균의 실제 모집단 값에 의존한다. 예를 들어, 실제 모평균이 3.4일 경우 2.5와 같다는 귀무가설은 기각하지 않을 확률이 적은 반면 2.49라면 모평균 점수가 2.5와 같다는 결론에 높은 확률을 갖게 된다.

제2종 오류의 $(1-\beta)$를 통계적 검정의 검정력(power)이라 부른다. 검정력$(1-\beta)$은 귀무가설이 사실이 아닐 때 귀무가설을 기각하는 확률이다. **예제 9.1**에서는 실제 평균 점수가 2.5와 다를 때 평균 점수가 2.5와 다르다고 결론을 내릴 확률이다.

두 오류와 검정력을 표로 표시하면 다음과 같다.

[표 9.1] 두 종류의 오류

통계적 결정	H_0 참	H_0 거짓
H_0 기각하지 않음	$1-\alpha$	β(제2종 오류)
H_0 기각	α(제1종 오류)	$1-\beta$(검정력)

일반적으로, 조사 과정에서 α의 수준을 사전에 명시한다. 그러나 특별한 조사 계획에 대해서만 β의 수준을 결정할 뿐 일반적으로 α의 수준만을 사전에 명시한다. 주로 α는 0.05와 0.01을 택하나 때에 따라 다른 다양한 값을 선택할 수 있다. 연구자가 이런 오류를 조절하는 방법 중 하나는 표본의 크기를 늘리는 것이다. 주어진 α값에 대해 표본의 크기를 늘리면 β가 줄어들고 따라서, H_0가 거짓일 때를 기각하게 되는 검정력을 높이게 된다. 주어진 크기에 대해서는 통계학자는 두 오류의 균형을 맞추어야 한다. α가 감소하면 β가 증가하게 되고 β가 감소하면 α가 증가하게 된다. α와 β는 상황에 따라 중요한 문제가 된다.

예에서 1종의 위험은 평균 점수는 변하지 않았는데 변한 것처럼 결론을 내리게 된다. 2종의 위험은 평균 점수가 변했는데도 변하지 않은 것처럼 결론을 내리게 된다. α와 β의 수준의 합리적인 결정은 각 오류에 따르는 비용에 달려 있다. 예를 들어, 현 상태에서 변하는 것이 비용이 많이 들면 변화가 이익이 확실하기를 원할 것이다. 그러므로 제1종 오류의 위험이 중요하고 α를 적게 설정할 것이다. 반대로, 가설 평균의 변화를 찾기를 원한다면 제2종 오류의 위험이 중요하다. 그러므로, α를 높게 잡을 것이다. 물론 표본이 크면 α, β가 동시에 줄일 수는 있지만, 예산 범위 내에서 제1종 오류와 제2종 오류 사이의 적당한 값을 정해야 할 것이다.

9.3 평균의 가설검정(σ_X을 알고 있는 경우)

제1종 오류와 제2종 오류를 정의하였으므로 예로 다시 돌아가자. 앞에서 이미 말한 대로 귀무가설과 대립가설은 다음과 같다고 언급하였다.

$$H_0 : \mu_X = 2.5$$
$$H_1 : \mu_X \neq 2.5$$

만일, 표준편차 σ_X를 안다고 했을 때, 중심극한정리에 근거하여 평균의 표본평균은 정규분포를 따르고 검정통계량은 다음과 같다.

$$Z = \frac{\overline{X} - \mu_X}{\frac{\sigma_X}{\sqrt{n}}} \tag{9.1}$$

이 검정통계량 Z는 표준정규분포를 따른다. 만일, P가 유의수준을 5%라고 정했으면 기각역의 크기는 0.05이고. 따라서, 정규분포의 기각값이 결정이 될 수 있다. 기각역을 정규분포의 양쪽 꼬리 부분에 똑같이 0.025씩 나누게 된다(정규분포는 대칭이므로). 따라서, 정규분포의 각 꼬리 부분의 0.025의 기각역은 기각값과 가설 평균 사이와의 영역은 0.475가 된다.

표준정규분포표[부록 1]에서 이 영역을 구분하는 값을 찾아보면, 기각값으로 +1.96과 −1.96을 얻을 수 있다. 만일, 평균이 실제값 2.5와 같다면, 즉 H_0가 참이면 검정통계량 Z의 값은 $\mu_X = 2.5$인 표준정규분포를 따를 것이다. 또, 1.96보다 크거나 −1.96보다 적은 Z의 관찰치는 $\overline{X}$가 2.5보다 많이 떨어져 있는 것으로 H_0가 사실이라는 가설을 기각하게 된다. 그러므로, 다음과 같이 요약할 수 있다.

$$\begin{cases} Z > +1.96 \\ Z < -1.96 \end{cases} \text{이면, } H_0 \text{를 기각한다.}$$

그렇지 않은 경우, H_0를 기각하지 않는다.

만일, 모집단에서 100명의 학생을 뽑아 모평균 점수가 2.5와 같은지를 검정하고자 한다. 과거의 경험으로 모표준편차는 $\sigma_X = 0.4$ 임을 알고 있고, 100명의 학생의 평균 성적이 2.59이면 우리는 어떤 결론을 내릴 수 있을까? 유의수준 0.05에서 결론을 알아보자.

식 (9.1)을 이용하여

$$Z = \frac{\overline{X} - \mu_X}{\frac{\sigma_X}{\sqrt{n}}} = \frac{2.59 - 2.50}{\frac{0.40}{\sqrt{100}}} = \frac{0.09}{0.04} = 2.25$$

$Z = 2.25$ 는 $Z > 1.96$이므로 H_0을 기각한다. H_0을 기각한다는 것은 평균 점수가 2.5와 다르다는 증거가 있다고 결론을 내리는 것이다. 그러므로, 이번 학기 평균 점수가 지난 20년 평균 점수와 다르다고 결론을 내릴 수 있다.

9.4 가설검정의 절차

1. 귀무가설 H_0와 대립가설 H_1을 설정한다.
2. 유의수준 α를 결정한다.
3. 표본의 크기 n을 결정한다.
4. 결정하게 될 검정통계량과 통계기법을 결정한다.
5. 기각역을 나누는 기각값을 구한다.
6. 자료를 수집하고 검정통계량의 표본값을 계산한다.
7. 검정통계량이 기각역에 포함되는지를 확인한다.

8. 통계적 결정을 한다.
9. 통계적인 문제를 실제적인 문제로 표현한다.

위의 검정 절차를 더 자세히 알아보면 다음과 같다.

1. 첫 작업으로 연구자가 알고자 하는 상황을 귀무가설과 대립가설로 표현해야 한다. **예제** 9.1에서 $H_0 : \mu_X = 2.5$ vs $H_1 : \mu_X \neq 2.5$으로 나타낸다.
2. 문제에 따라 유의수준을 제1종 오류와 제2종 오류의 상대적 중요성에 따라 명시하여야 한다. 보통 $\alpha = 0.05,\ 0.01$로 명시하고 β는 명시하지 않는다.
3. 표본의 크기는 예산과 α에 의해 적당히 결정하여야 한다.
4. 검정하게 될 검정통계량을 상황에 맞게 결정해야 한다. 즉, σ_X을 알고 있는 경우 Z검정을 하게 되고, σ_X이 미지인 경우는 t검정을 이용하지만, 표본이 큰 경우에는 Z검정을 이용해도 된다.
5. 귀무가설과 대립가설이 정해지고, 유의수준과 표본의 크기가 결정되면 적절한 통계분포에 의한 기각역과 기각하지 않는 영역을 나누는 기각값이 결정될 것이다.
6. 자료를 수집하고 그 자료에 대한 검정통계량의 값을 계산한다.
7. 검정통계량의 값이 기각값을 중심으로 기각역에 속하는지 아닌지를 확인한다.
8. 통계적인 결정을 한다. 만일 검정통계량의 값이 기각역에 포함되면 귀무가설을 기각하고 그렇지 않으면 귀무가설을 기각하지 아니한다.
9. 통계적인 문제를 실제 문제로 표현을 한다.

예제 9.2 담배 제조회사에서 새로 개발한 담배의 타르(Tar) 함량이 평균 4㎎이라고 주장하였다. 그 주장이 사실인지를 알아보기 위해 25개의 담배를 임의로 선택하여 분석한 결과 $\overline{X} = 3.90$㎎을 얻었다. 과거의 경험으로 $\sigma_X = 0.14$㎎임을 알고 있다고 할 때 유의수준 $\alpha = 0.05$에서 이 담배회사의 주장이 사실인가?

풀이 (1) 귀무가설 $H_0 : \mu_X = 4$㎎

대립가설 $H_1 : \mu_X \neq 4$㎎으로 설정한다.

(2) 유의수준 $\alpha=0.05$로 한다.

(3) 표본의 크기는 25개로 알려져 있다.

(4) 모표준편차(σ_X)를 알고 있으므로 Z검정을 사용한다.

(5) 정규분포 $\alpha=0.05$인 경우의 기각역은 -1.96 아래와 $+1.96$ 윗부분이다.

(6) 검정통계량 값은 $Z=\dfrac{\overline{X}-\mu_X}{\dfrac{\sigma_X}{\sqrt{n}}}=\dfrac{3.90-4.0}{\dfrac{0.14}{\sqrt{25}}}=-3.57$이다.

(7), (8) $Z=-3.57<-1.96$이므로 귀무가설을 기각한다.

(9) 따라서, 유의수준 5%에서 새로운 담배에 포함된 타르의 평균이 4㎎ 이하라는 담배회사의 주장은 타당하다고 볼 수 있다. □

9.5 평균의 가설검정(σ_X을 모르는 경우)

앞 절에서는 σ_X를 아는 경우의 문제를 풀었다. 그러나 대부분 경우에는 σ_X가 알려져 있지 않다. 다음 예제의 경우 검정이 어떻게 진행되는지 알아보자.

예제 9.3 모 회사 대표는 자신이 경영하고 있는 회사 직원들의 근무연수가 평균 6년인지를 검정하고자 한다. 30명을 표본으로 추출하였더니 표본평균($\overline{X}$)이 5.7년이고 표본표준편차(s)가 2.2년이었다고 한다. 종업원의 근무연수가 6년이라고 할 수 있나? ($\alpha=0.1$)

이에 대한 귀무가설과 대립가설을 다음과 같이 설정할 수 있다.

$$H_0:\ \mu_X=6\quad (\text{귀무가설})$$
$$H_1:\ \mu_X\neq 6\quad (\text{대립가설})$$

풀이 위의 귀무가설과 대립가설에 대한 가설검정에서 모표준편차 σ_X을 모르지만 표본표준편차 s는 알 수 있다. 9.3절에서 언급한 것처럼 모집단이 정규분포를 하는 경우에 평균의 표본분포는 자유도가 $(n-1)$인 t분포를 따른다고 하였다. 표본표준편차 s를 사용할 때 표본평균 $\overline{X}$와 모평균 μ_X의 차이를 결정하는 검정통계량은 다음과 같다.

$$t = \frac{\overline{X} - \mu_X}{\dfrac{s}{\sqrt{n}}}$$

실제적으로, 표본이 크고 모집단이 극한 왜도현상을 보이지 않는 한 t분포는 평균의 표본분포를 따른다.

표본이 $n=30$이고 $\overline{X}=5.7$, $s=2.2$로 알고 있다고 하자. 유의수준 $\alpha=0.1$에서 자유도 $30-1=29$인 t분포의 기각값은 [부록 2]에서 다음과 같이 얻어질 수 있다. 0.1의 기각역은 0.05로 양쪽으로 나눌 수 있으므로 t분포의 기각값은 -1.6991과 1.6991임을 알 수 있다.

따라서, 다음과 같은 결론을 얻을 수 있다.

$$\begin{cases} t > t_{29} = +1.6991 \\ t < -t_{29} = -1.6991 \end{cases} \text{이면, } H_0\text{를 기각한다.}$$

그렇지 않으면, H_0를 기각하지 않는다.

위 식을 이용하여

$$t = \frac{5.7 - 6.0}{\dfrac{2.2}{\sqrt{30}}} = \frac{-0.30}{0.4} = -0.75$$

$t=-0.75$이므로 -1.6991보다 크게 때문에 평균 경험이 6년이라는 귀무가설을 기각하지 아니한다. 따라서, 평균이 6년과 다르다는 어떠한 증거도 없다고 말할 수 있다.

예제 9.4 어느 병원의 주장에 따르면 한 사람이 종합검진을 받는 데 걸리는 시간이 60분이라고 한다. 종합검진을 받는 사람 10명을 임의로 추출하여 검진시간을 조사해 본 결과 평균 63분이 걸렸고 표준편차는 12분이었다고 한다. 병원에서 주장한 대로 종합검진의 평균 검진시간이 60분이라고 할 수 있나? ($\alpha = 0.05$)

풀이 가설검정을 위해 귀무가설과 대립가설은 다음과 같이 설정할 수 있다.

$$H_0 \ : \ \mu_X = 60 \ \text{ vs } \ H_1 \ : \ \mu_X \neq 61$$

그리고 $n = 10$, $\overline{X} = 63$, $s = 12$이므로 검정통계량은

$$t = \frac{\overline{X} - \mu_X}{\frac{s}{\sqrt{n}}} = \frac{63 - 60}{\frac{12}{\sqrt{10}}} = \frac{3}{\frac{3}{\sqrt{10}}} = 0.791$$

유의수준 $\alpha = 0.05$에서 자유도 $n - 1 = 10 - 1 = 9$인 기각값은 -2.26과 2.26이다. 따라서, $t = 0.79 < 2.26$ 이므로 귀무가설을 기각하지 않는다. 즉, 종합검진을 받는 데 걸리는 시간이 60분이라 할 수 있다. □

SAS 예제

▶ 단일 집단에서의 모평균에 관한 검정

예제 9.5 기존의 모 질병치료법은 치료기간이 평균 10일 따른다고 한다. 그런데 어느 제약회사에서 새로운 질병치료법을 개발하여 환자 20명을 표본으로 하여 측정한 결과가 다음과 같다. 새로운 질병치료법이 치료기간을 단축시켰다고 주장한다. 이 주장이 옳은지 유의수준 0.05에서 검정하여라.

8 12 8 11 10 11 9 10 8 9 7 12 11 9 9 10 11 11 10 10

풀이 가설을 세우면,

$$H_0 : \mu = 10 \quad \text{vs} \quad H_1 : \mu < 10$$

SAS프로그램은 다음과 같다. □

SAS 프로그램

```
options linesize=110;
data med;
input med @@ ;
med1=med-9.8;
cards ;
8 12 8 11 10 11 9 10 8 9 7 12 11 9 9 10 11 11 10 10
 ;
proc means mean stderr t prt;
var med1;
title 'T TEST' ;
proc print; var med1;
proc means; var med1;
run;
```

이에 대한 결과는 다음과 같다.

SAS 결과

MEANS 프로시저

분석 변수 : med1			
평균	표준오차	t 값	Pr > |t|
-7.10543E-16	0.3128813	-0.00	1.0000

위의 결과를 보면 약 p값이 1.0000임을 알 수 있다. 따라서 유의수준 $\alpha = 0.05$ 하에서 p값과 비교한 결과 유의수준보다 작으므로 H_0을 채택하게 된다. 즉 새로운 질병치료법이 치료기간을 단축시켰다는 주장이 옳지 않다. 아래는 원자료에 평균값을 뺀 경우의 값이다.

T TEST

OBS	med1
1	-1.8
2	2.2
3	-1.8
4	1.2
5	0.2
6	1.2
7	-0.8
8	0.2
9	-1.8
10	-0.8
11	-2.8
12	2.2
13	1.2
14	-0.8
15	-0.8
16	0.2
17	1.2
18	1.2
19	0.2
20	0.2

원자료에 평균을 뺀 평균값과 표준편차 최소, 최댓값이다.

SAS 결과

T TEST

MEANS 프로시저

분석 변수 : med1				
N	평균	표준편차	최솟값	최댓값
20	-7.10543E-16	1.3992479	-2.8000000	2.2000000

SPSS 예제-설문지 일표본의 평균에 관한 검정을 이해하기 위하여, 초임임금에 대한 것을 예로 들어보자. 연구자가 응답자의 평균 초임이 250(만 원)인지 여부를 검정하려면, 다음과 같은 가설을 세운다.

가설: 응답자의 초임이 250이다.

$$H_0 : \mu = 250 \quad \text{vs} \quad H_1 : \mu \neq 250$$

이 가설을 검정하려면, 다음과 같은 절차로 진행할 수 있다.

SPSS 프로그램 **☞ 분석(A) ⇒ 평균 비교(M) ⇒ 일표본 T 검정(S)**

일표본 T 검정을 위한 메뉴를 선택하면 다음과 같다. 이 검정화면에서 오른쪽에 T 검정변수 상자에 초임을 선택하고, 검정값에 '250'을 입력한다.

옵션에서는 신뢰구간은 디폴트로 95%를 나타내며 아래 표를 통해 확인할 수 있다.

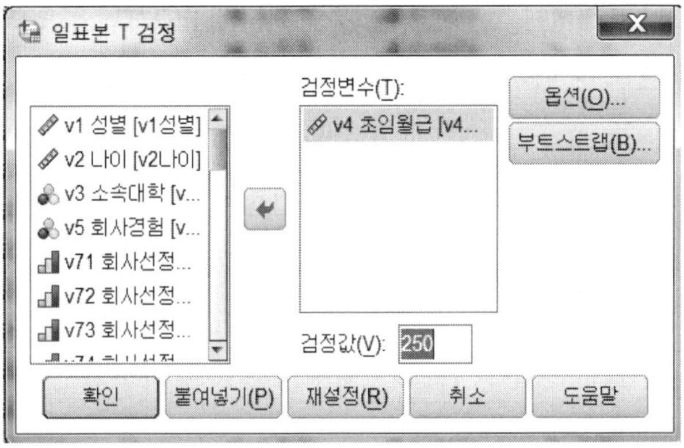

키워드	내용 설명
신뢰구간: 95%	디폴트는 95%의 신뢰구간, 연구자가 원하는 신뢰수준 입력
결측값	아래 항목 중에서 하나를 선정하면 된다.
- 분석별 결측값 제외	해당 검정과 관련된 변수에 대해 결측값이 있는 케이스는 제외
- 목록별 결측값 제외	분석 시 변수에 대한 결측값이 있는 케이스는 제외

[결과]

일표본 통계				
	N	평균	표준편차	표준 오차 평균
v4 초임월급	205	230.80	73.653	5.144

일표본 검정						
	검정값 = 250					
	t	df	유의수준(양쪽)	평균 차이	차이의 95% 신뢰구간	
					하한	상한
v4 초임월급	-3.731	204	.000	-19.195	-29.34	-9.05

유의확률(양쪽)이 0.000이고 이 값은 유의수준 0.05보다 적으므로, 귀무가설은 기각된다. 따라서 표본 응답자의 초임은 250(만 원)이라고 할 수 없다.

모든 통계적 검정방법과 동일하게 T 검정은 귀무가설이 옳다는 가정하에 두 모집단으로부터 추출된 표본들로부터 검정통계량에 근거하여 귀무가설을 기각할 만한 상당한 근거를 보이면 귀무가설을 기각하고, 그렇지 않은 경우에는 귀무가설을 채택한다.

독립된 두 표본의 평균 차이에 대한 검정절차는 두 표본평균 간의 차이가 다른 모집단에서 추출한 것에 비롯된 것이라고 가정한다. 그 후 T 검정통계량을 계산하여 두 표본평균 간의 차이가 귀무가설 하에 있을 확률, 유의확률(p-값)을 계산한다. 만약 계산된 유의확률이 귀무가설을 기각하기로 설정한 유의수준(일반적으로 5%)과 같거나 작다면 귀무가설을 기각하고 대립가설을 채택하게 된다.

T 검정은 두 모집단의 독립 여부에 따라 “독립 2표본 T 검정”과 “대응 2표본 T 검정”으로 나눌 수 있다.

9.6 두 독립 모집단의 평균의 차이에 관한 검정

예제 9.6 생물학자는 다른 두 종류의 박테리아 수명의 차이가 있는지 알고 싶다. 박테리아 A의 모표준편차가 110시간으로 알려져 있고, 박테리아 B의 모표준편차가 125시간으로 알려져 있다. 박테리아 A에서 25마리를 추출하여 표본평균을 조사해 본 결과 375시간이고, 박테리아 B에서 25마리 추출하여 표본평균을 조사해 본 결과 362시간이었다. 유의수준 $\alpha = 0.01$에서 이 두 종류의 박테리아의 수명에 차이가 있는가?

지금까지는, 한 모집단의 평균에 관한 가설검정의 경우를 생각해 보았다. 이 절에서는 좀 더 가설검정의 개념을 확장하여 두 독립된 모집단 평균 사이의 차이가 있는지를 검정하고자 한다. **예제 9.6**에서 두 그룹, 즉 박테리아 A, B 간에 수명에 차이가 있는지를 알아보는 문제에 적용될 수 있다. 이 검정도 앞에서 언급한 것처럼 양측검정(two-sided test)과 두 가지의 단측검정(one-sided test)으로 검정할 수 있다. 즉, 양측검정은 두 평균의 차이가 유의적으로 다른지를 알려고 할 때 사용하게 되고, 단측검정은 한 모집단의 평균이 다른 모집단의 평균보다 유의적으로 큰지, 적은지를 알고 싶을 때 사용하게 된다.

[표 9.2] 검정의 종류

양측검정	단측검정	단측검정
$H_0 : \mu_1 = \mu_2$	$H_0 : \mu_1 \geq \mu_2$	$H_0 : \mu_1 \leq \mu_2$
$H_1 : \mu_1 \neq \mu_2$	$H_1 : \mu_1 < \mu_2$	$H_1 : \mu_1 > \mu_2$

μ_1=모집단 1의 평균

μ_2=모집단 2의 평균

모집단 평균의 차이에 대한 검정통계량은 표본평균 차이$(\overline{X_1} - \overline{X_2})$로 이용한다. 중심극한정리를 이용하여 통계량$(\overline{X_1} - \overline{X_2})$를 큰 표본 크기에서 정규분포를 따른다. 만일, σ_1와 σ_2를 알고 있다면 검정통계량은 다음과 같다.

$$Z = \frac{\overline{X_1} - \overline{X_2}}{\sqrt{\frac{\sigma_1^2}{n_1} + \frac{\sigma_2^2}{n_2}}}$$

여기서, $\overline{X_1}$은 모집단 1의 표본평균

$\overline{X_2}$은 모집단 2의 표본평균

σ_1^2은 모집단 1의 모분산

σ_2^2은 모집단 2의 모분산

n_1은 모집단 1의 표본 크기

n_2은 모집단 2의 표본 크기

풀이 이 문제에서 귀무가설과 대립가설은 다음과 같다.

$$H_0 : \mu_1 = \mu_2$$

$$H_1 : \mu_1 \neq \mu_2$$

유의수준 $\alpha = 0.01$에서 검정하고자 한다면 [부록 1]에서 기각값이 -2.58와 2.58임을 알 수 있다. 그러므로, 다음과 같은 조건에서 결정을 내릴 수 있다.

$$\begin{cases} Z > +2.58 \\ Z < -2.58 \end{cases} \text{이며, } H_0 \text{를 기각한다.}$$

그렇지 않으면, H_0를 기각하지 않는다.

자료에서, 다음과 같이 검정통계량 값을 구할 수 있다.

$$Z = \frac{\overline{X_1} - \overline{X_2}}{\sqrt{\frac{\sigma_1^2}{n_1} + \frac{\sigma_2^2}{n_2}}} = \frac{375 - 362}{\sqrt{\frac{110^2}{25} + \frac{125^2}{25}}} = 0.39$$

따라서, 기각역 밖에 있으므로 귀무가설 H_0를 기각하지 아니한다. 결론적으

로, 두 종류의 박테리아의 수명에 대한 평균의 차이가 있다는 증거는 없다.

앞에서 언급한 것들은 모표준편차 (σ_1, σ_2)를 아는 경우였다. 그러나 대부분의 경우 (σ_1, σ_2)를 모른다. 그러나, 표본평균($\overline{X_1}$, $\overline{X_2}$)과 표본표준편차(s_1, s_2)를 구할 수 있다.

만일, 각 모집단이 정규분포를 따르고, 모분산이 같다고 하면 (즉, $\sigma_1^2 = \sigma_2^2$), 두 모집단 평균의 차이를 검정하는데, 자유도가 $n_1 - n_2 - 2$인 t 검정을 이용할 수 있다. 두 모집단의 분산을 같다고 가정하기 때문에 두 표본의 분산은 공통 모분산의 한 추정치(s_p^2)가 되기 위해서 합동이 되어야 한다. 그래서 이 분산을 **합동표본분산**(pooled sample variance)이라고 부르며, 통계량은 다음과 같다.

$$t = \frac{\overline{X_1} - \overline{X_2}}{\sqrt{s_p^2 \left(\frac{1}{n_1} + \frac{1}{n_2} \right)}}$$

여기서, $s_p^2 = \dfrac{(n_1 - 1)\ s_1^2 + (n_2 - 1)\ s_2^2}{n_1 + n_2 - 2}$

s_p^2은 두 그룹의 합동표본분산

$\overline{X_1}$는 모집단 1의 평균, $\overline{X_2}$는 모집단 2의 평균

s_1^2은 모집단 1의 표본분산, s_2^2은 모집단 2의 표본분산

n_1은 모집단 1의 표본의 크기, n_2는 모집단 2의 표본의 크기 □

예제 9.7 P는 남학생 18명과 여학생 12명을 조사하여 하루 동안의 나트륨 섭취량을 조사하여 보았다. 그 결과 남학생 18명의 평균 섭취량은 8.4g이며, 표준편차는 3g이다. 역시 여학생 12명을 조사해 본 결과 평균과 표준편차는 각각 7.6g과 2.5g이었다. 이 경우에 두 남학생과 여학생 간에 나트륨 섭취량에 대한 평균의 차이가 있는가?

풀이 위의 **예제 9.7**에서 남학생과 여학생 간의 일일 나트륨 섭취량의 평균 차이가 있는지를 알고자 원하므로, 다음과 같은 귀무가설과 대립가설을 세울 수 있다.

$$H_0 : \mu_1 = \mu_2$$
$$H_1 : \mu_1 \neq \mu_2$$

남학생 18명과 여학생 12명의 결과는 다음과 같다.

남자	여자
$n_m = 18$	$n_f = 12$
$\overline{x}_m = 8.4$	$\overline{x}_f = 7.6$
$s_m = 3.0$	$s_f = 2.5$

남학생 18명, 여학생 12명이므로 $18+12-2=28$인 자유도를 가지는 t분포를 이용하게 된다. 유의수준 $\alpha=0.05$이라면 기각값은 -2.0484와 2.0484이다. 따라서, 다음과 같은 결론을 내릴 수 있다.

$$\begin{cases} t > +2.048 \\ t < -2.048 \end{cases} \text{이면, } H_0\text{를 기각한다.}$$

그렇지 않으면, H_0를 기각하지 않는다.

자료를 이용하여 다음과 같은 식을 적용하여 검정통계량 값을 구하면,

$$t = \frac{\overline{X_1} - \overline{X_2}}{\sqrt{s_p^2\left(\frac{1}{n_1} + \frac{1}{n_2}\right)}}$$

여기서,

$$s_p^2 = \frac{(n_1 - 1)\ s_1^2 + (n_2 - 1)\ s_2^2}{n_1 + n_2 - 2} = \frac{17\,(3.0)^2 + 11\,(2.5)^2}{18 + 12 - 2}$$

$$= \frac{221.75}{28} = 7.92$$

따라서,

$$t = \frac{8.4 - 7.6}{\sqrt{7.92\left(\frac{1}{18} + \frac{1}{12}\right)}} = \frac{0.8}{\sqrt{1.10}} = \frac{0.8}{1.049} = 0.763$$

이다. 검정통계량 값이 $+2.048$보다 작으므로 귀무가설을 기각하지 아니한다. 따라서, 남녀 간의 차이가 있다는 증거가 없다고 결론을 내릴 수가 있다. 두 평균 간 차이의 검정에 있어서 두 모집단이 정규분포를 한다고 가정하고, 또, 두 모집단의 분산이 같다고 가정하였다.

두 번째 가정. 즉, 분산이 같지 않은 경우에, 즉 σ_1^2이 σ_2^2와 유의적으로 다를 때 다른 t검정을 사용한다. □

SAS 예제 9.8 두 독립 모집단의 평균의 차에 관한 검정

다음은 어느 지역의 남자와 여자의 골프 성적이다. 이 경우 남자와 여자 간의 성적의 차이가 있는지를 검정하여라.

남자	75	76	80	77	80	77	73
여자	82	80	85	85	78	87	82

SAS 프로그램

```
options linesize=110 ;
data scores;
input gender $ score @@;
cards ;
   f 75  f 76  f 80  f 77  f 80  f 77  f 73
   m 82  m 80  m 85  m 85  m 78  m 87  m 82
   ;
proc ttest ;
class gender;
var score;
title 'GOLF SCORES';
run;
```

SAS 결과

The TTEST Procedure

Variable: score

gender	N	Mean	Std Dev	Std Err	Minimum	Maximum
f	7	76.8571	2.5448	0.9619	73.0000	80.0000
m	7	82.7143	3.1472	1.1895	78.0000	87.0000
Diff (1-2)		-5.8571	2.8619	1.5298		

gender	Method	Mean	95% CL Mean		Std Dev	95% CL Std Dev	
f		76.8571	74.5036	79.2107	2.5448	1.6399	5.6039
m		82.7143	79.8036	85.6249	3.1472	2.0280	6.9303
Diff (1-2)	Pooled	-5.8571	-9.1902	-2.5241	2.8619	2.0522	4.7242
Diff (1-2)	Satterthwaite	-5.8571	-9.2064	-2.5078			

Method	Variances	DF	t Value	Pr > |t|
Pooled	Equal	12	-3.83	0.0024
Satterthwaite	Unequal	11.496	-3.83	0.0026

Equality of Variances				
Method	Num DF	Den DF	F Value	Pr > F
Folded F	6	6	1.53	0.6189

SPSS 예제-설문지

SPSS 프로그램

독립적인 두 표본의 T 검정 대화상자를 열기 위해서

☞ 분석(A) ⇒ 평균 비교(M) ⇒ 독립표본 T 검정

여기에서 성별에 따른 초임의 차이를 분석하고자 한다. 왼쪽의 변수 리스트에서 검정할 변수에 초임월급을 선택하여 오른쪽 검정변수로 옮기고, 그룹화 변수란에 명목척도인 성별을 선택하였다. 그룹화 변수를 정의하기 위해 [그룹정의(D)] 메뉴를 선택하면, Group: 1과 Group: 2를 지정해야 한다.

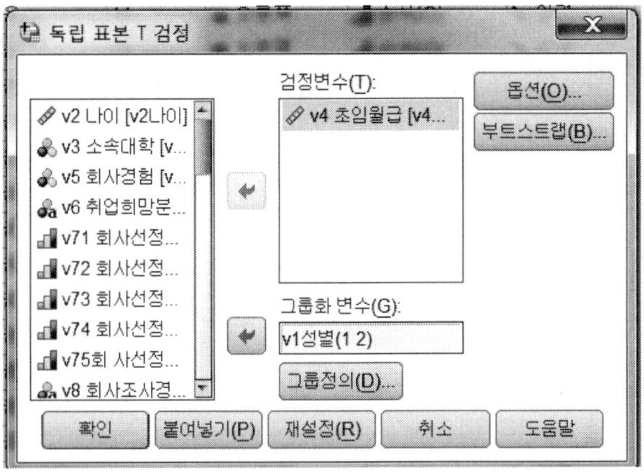

키워드	내용 설명
- 지정값 사용(Use specified values)	사용자 정의 기본설정으로 집단화한 변수 집단 1과 집단 2의 값을 입력
- 분리점(Cut point)	분리값을 지정하면, 분리값보다 작은 코드가 한 집단에, 분리점보다 크거나 같은 코드는 다른 집단에 속함

SPSS 결과

그룹 통계					
	v1 성별	N	평균	표준편차	표준 오차 평균
v4 초임월급	남성	93	241.67	74.638	7.740
	여성	112	221.79	71.914	6.795

독립표본 검정										
		Levene의 등분산 검정		평균 등식에 대한 T 검정						
		F	유의수준	t	df	유의수준(양쪽)	평균차이	표준오류편차	차이의 95% 신뢰구간 하한	차이의 95% 신뢰구간 상한
v4 초임월급	등분산을 가정함	.096	.757	1.937	203	.054	19.881	10.264	-.356	40.118
	등분산을 가정하지 않음			1.930	193.302	.055	19.881	10.299	-.433	40.194

[Levene 등분산 검정: F=0.096, 유의확률: 0.757]

독립표본 T 검정을 위해서는 먼저, 두 집단 분산의 동질성 가정을 검정하여야 한다. 이러한 분산의 동질성 여부는 Levene의 검정, 즉 F값을 이용한다.

$$H_0 : \sigma_1^2 = \sigma_2^2 \quad \text{vs} \quad H_1 : \sigma_1^2 \neq \sigma_2^2$$

F값이 0.096이고 유의확률=0.757>0.05이므로 두 모집단의 분산이 동일하다는 귀무가설이 기각하지 못하게 되어, 등분산 가정 하에서 T 검정을 실시한다(위의 것). 제시된 통계량에서 남자와 여자의 초임 평균 차이는 19.881이다. 유의확률(양쪽)=0.054≧0.05이므로, 아래의 귀무가설은 기각하지 아니한다.

$$H_0 : \mu_{남} = \mu_{여} \quad \text{vs} \quad H_1 : \mu_{남} \neq \mu_{여}$$

9.7 짝의 표본평균 차이에 관한 검정

지금까지 두 독립된 표본의 평균 차이에 관한 검정을 언급하였다. 그러나, 지금부터는 두 모집단이 독립이 아닌 **대응표본 검정**, 즉 짝을 이루는 경우의 평균 차이에 관한 검정을 하고자 한다. 즉, 한 개인이, 한 대상에 대해 반복 측정함으로써 생기는 결과에 대한 차이를 검정하고자 한다.

예를 들어, 꽃잎 양쪽에 어느 화학 물질을 반응했을 때 손상 정도를 조사한다든지 똑같은 종류의 신발을 신고 양쪽 신발의 마모도 정도를 조사하는 것과 같은 예가 여기에 속한다. 두 연관된 표본의 차이가 존재하는지를 알기 위해서는 두 그룹의 각 개체에 대한 차이의 값을 얻어야 한다. 중심극한정리로부터 차이 평균 $\overline{D}$는 모표준편차 σ_D가 알려져 있고, 표본이 클 때 정규분포를 따른다. 그러나, 실제적으로 σ_D를 모르기 때문에 차의 표본표준편차 s_D를 사용한다. D가 정규분포를 한다고 가정한다면 자유도가 $n-1$인 검정통계량 t는 다음과 같다.

$$t = \frac{\overline{D}}{s_D / \sqrt{n}}$$

여기서,

$$\overline{D} = \frac{\sum D_i}{n}, \quad s_D = \sqrt{\frac{\sum D_i^2 - \frac{(\sum D_i)^2}{n}}{n-1}}, \quad n\text{은 표본 크기}$$

	그 룹		차 이	차이의 제곱
	A	B	D	
1	X_{A1}	X_{B1}	$D_1 = X_{A1} - X_{B1}$	D_1^2
2	X_{A2}	X_{B2}	$D_2 = X_{A2} - X_{B2}$	D_2^2
⋮	⋮	⋮	⋮	⋮
i	X_{Ai}	X_{Bi}	$D_i = X_{Ai} - X_{Bi}$	D_i^2
⋮	⋮	⋮	⋮	⋮
n	X_{An}	X_{Bn}	$D_n = X_{An} - X_{Bn}$	D_n^2

여기서, X_{Ai} : A그룹의 i 번째 값, X_{Bi} : B그룹의 i 번째 값

$D_i = X_{Ai} - X_{Bi}$: A그룹의 i 번째 값과 B그룹의 i 번째 값의 차이

D_i^2 : A그룹의 i 번째 값과 B그룹의 i 번째 값의 차이의 제곱

예제 9.9 다이어트에 따른 몸무게의 변화를 조사하기 위해서 10명에게 특수한 다이어트 비방을 제공하여 2주 후 몸무게의 감소 여부를 조사하여 검정하고자 한다. 유의수준 $\alpha = 0.05$에 대하여 검정하여라.

	다이어트 전 몸무게 X_A	다이어트 후 몸무게 X_B	D	D^2
1	181	178	-3	9
2	172	172	0	0
3	190	185	-5	25
4	187	184	-3	9
5	210	201	-9	81
6	202	201	-1	1
7	166	160	-6	36
8	173	168	-5	25
9	183	180	-3	9
10	184	179	-5	25
합계			40	220

풀이 $\overline{D} = \frac{-40}{10} = -4$

$$s_D = \sqrt{\frac{\sum D_i^2 - \frac{(\sum D_i)^2}{n}}{n-1}} = \sqrt{\frac{220 - \frac{(-40)^2}{10}}{9}} = \sqrt{\frac{60}{9}} = 2.58$$

따라서, 검정통계량 값은

$$t = \frac{\overline{D} - \mu_0}{\frac{s_D}{\sqrt{n}}} = \frac{-4-0}{\frac{2.58}{\sqrt{10}}} = \frac{-4}{0.82} = -4.88$$

유의수준 $\alpha = 0.05$에서 자유도가 9인 t의 기각값은 [부록 2]에서 -1.833과 1.833이다. 따라서 $t = -4.88 < t_{.05,\,9} = -1.833$이므로 귀무가설은 기각한다. 이는 다이어트가 몸무게를 감소시키는 효과가 있다고 볼 수 있다. □

SAS 예제 9.10 짝이 있는 모집단의 평균의 차에 관한 검정

어느 학교에서 15명의 학생을 추출하여 시험을 공고하기 전의 점수와 시험을 공고하고 난 후의 점수를 조사하였다. 시험공고가 시험 점수에 차이가 있는지를 검정하고자 하여라. ($\alpha = 0.05$)

	1	2	3	4	5	6	7	8	9	10	11	12	13	14	15
공부 전	80	73	70	60	88	84	65	37	91	98	52	78	40	79	59
공부 후	82	71	95	69	100	71	75	60	95	99	65	83	60	86	62

SAS 프로그램

```
data test;
input id pretest posttest;
diff=posttest-pretest;
cards ;
1   80   82
2   73   71
3   70   95
4   60   69
5   88  100
6   84   71
7   65   75
8   37   60
9   91   95
10  98   99
11  52   65
12  78   83
13  40   60
14  79   86
15  59   62
;
proc means mean stderr t prt;
var diff;
title 'PAIRED-COMPARISONS T TEST'
run ;
```

SAS 결과

PAIRED-COMPARISONS T TEST

MEANS 프로시저

분석 변수 : diff			
평균	표준오차	t 값	Pr > |t|
7.9333333	2.5643465	3.09	0.0079

풀이 먼저 가설을 세우면,

$$H_0 : \mu_{post} - \mu_{pre} = 0 \quad \text{vs} \quad H_1 : \mu_{post} - \mu_{pre} \neq 0$$

이다.

이 경우에는 양측검정이므로 양측검정에 대한 p 값을 확인하면 약 0.0079이므로 유의수준 0.05 하에서 H_0 를 기각하게 된다. 즉 시험공고가 시험성적의 차이가 존재함을 알 수 있다. □

SAS 예제 9.11 다이어트 프로그램의 효과 차에 관한 검정

어느 회사는 자사가 개발한 한 달간 다이어트 프로그램이 효과가 있는지 여부를 분석하기로 하였다. 다이어트 프로그램에 참가한 10명의 몸무게가 다음과 같다고 하였을 때, 이 다이어트 방법이 효과가 있다고 할 수 있는지 검정해 보자.

$$H_0 : \mu_{다이어트전} = \mu_{다이어트후} \quad \text{vs} \quad H_1 : \mu_{다이어트전} \neq \mu_{다이어트후}$$

회원		1	2	3	4	5	6	7	8	9	10
다이어트법	전	70	62	54	82	75	64	58	57	80	63
다이어트법	후	68	62	50	75	76	57	60	53	74	60

SPSS 프로그램

동일모집단의 두 표본의 T 검정 대화상자를 열기 위해서

☞ 분석(A) ⇒ 평균 비교(M) ⇒ 대응표본 T 검정(P)

SPSS 결과

왼쪽변수 상자에서 분석하려는 변수 쌍(다이어트 전, 다이어트 후)을 선택하여 대응(A)의 변수1에 '다이어트 전', 변수2에 '다이어트 후'를 옮겨 놓고 확인을 누르면 시행이 된다.

〈대응표본 통계량〉

		평균	N	표준편차	평균의 표준오차
대응	다이어트 전	66.5000	10	9.80079	3.09928
1	다이어트 후	63.5000	10	9.31248	2.94486

대응표본 통계량을 살펴보면, 다이어트 이전의 평균 몸무게가 66.5kg이고, 다이어트 이후의 평균 몸무게가 63.5kg으로 약 3kg 정도 감소한 것을 알 수 있다.

〈대응표본 상관계수〉

					N	상관계수	유의확률
대응	1	다이어트 전	&	다이어트 후	10	.944	.000

대응표본 상관계수는 0.944로 매우 강한 상관을 보이고 있다.

〈대응표본 검정〉

	대응차					t	자유도	유의확률(양쪽)
	평균	표준편차	평균의 표준오차	차이의 95% 신뢰구간				
				하한	상한			
대응 1 다이어트 전 - 다이어트 후	3.00000	3.23179	1.02198	.68812	5.31188	2.935	9	.017

다이어트 이전의 평균 몸무게와 이후의 평균 몸무게의 차이가 3kg(66.50-63.50)이며 표준편차는 3.23kg이다. 이 평균 차이의 95% 신뢰구간은 [0.69, 5.31]이며, 이것은 0을 포함하고 있지 않으므로 다이어트의 효과는 있다고 할 수 있다. 그리고 t 검정 결과를 보면 유의확률은 0.017 < 0.05이므로, 유의수준 0.05에서 대응되는 두 집단 간의 평균 차이는 유의하다고 할 수 있다. 따라서 다이어트 프로그램은 효과가 있다고 결론을 내릴 수 있다.

9.8 p-값

본 절에서는 **p-값**(p-value) 개념을 알아보자. p-값은 H_0가 참일 때 얻어진 결과보다 같거나 극단적인 검정통계량(test statistic)을 얻기 위한 확률이다. p-값을 관찰된 유의확률이라고도 한다. 만일, p-값이 유의수준 α보다 크면 귀무가설을 기각하지 아니한다. 또한, p-값이 α보다 적으면 귀무가설을 기각한다.

평균 점수의 예로 p-값을 이해해 보자. 앞 절에서 평균 점수가 2.5인지 아닌지를 검정하였다. 그 결과, $Z = 2.25$이므로 1.96(5%)보다 크므로 귀무가설을 기각하였다. 다른 표현을 사용하면 $Z = 2.25$보다 큰 확률은 부록에서 $0.5 - 0.4878 = 0.0122$이다. 양측검정을 사용하였으므로 -2.25보다 작은 경우의 확률도 얻어야 한다. 따라서, 대칭이므로 역시 0.0122를 하게 된다. 그러므로, p값은 0.0244이다. 이 값은, 유의수준 $\alpha = 0.05$보다 작으므로 귀무가설을 기각한다. 검정통계량이 정확한 정규분포를 따르지 않는 한 정확한 p-값의 계산은 힘들다. 그러나, 많은 컴퓨터 패키지들은 대부분 가설검정에서 p-값을 알려준다.

PART

10

두 개 이상 그룹의 평균 비교에 관한 검정

STATISTICAL
ANALYSIS

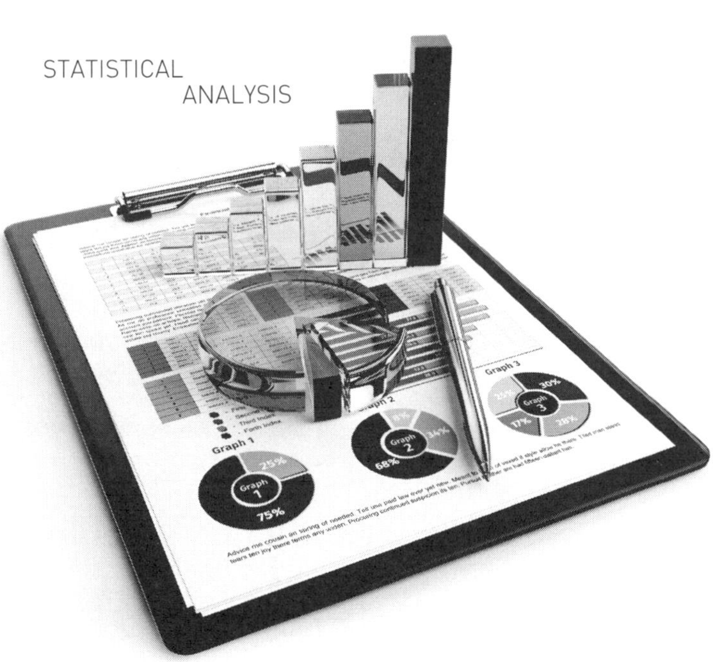

10.1 들어가기에 앞서

일반적으로 사전에 정해진 기준에 따라서 다양한 방법, 처방, 물질 등에 대해 비교를 할 필요가 있다. 예를 들어 같은 속도와 주행거리 하에 여러 종류의 타이어의 마모도를 본다든지 다양한 품종에 따른 수확량을 본다든지 하는 예를 들 수 있겠다.

9장에서는 두 그룹 사이의 평균 차이에 관한 결론을 이끌어내는 추론을 연구했다. 이 장에서는 두 개 이상 여러 가지 그룹의 평균 차이를 검정하는 것을 보기로 한다. 이런 것을 분산분석(Analysis of Variance: ANOVA)이라 한다. 여기서는 한 가지 요인에 의해 행해지므로 일원배치 분산분석(one-way ANOVA)이라 한다. 그러나 한 실험에서 요인의 개수가 여러 개인 경우는 가능하다. 따라서 여러 개의 요인의 분산분석으로도 확장이 가능하다.

예제 10.1 교육자인 S는 유치원 아동들에 대한 여러 가지 교육방법에 대해 관심이 많다. 특히 다양한 학습방법에 대해 교육 효과가 있는지를 조사하고자 한다. S는 새로 개발한 학습방법이 효과가 있는지를 조사하기 위해 환경과 지능이 비슷한 아동 24명을 조사하여 다음과 같은 3가지 학습방법의 결과를 얻었다.

[표 10.1] 3가지 학습방법에 따른 결과

I	II	III
87	58	81
80	63	62
74	64	70
82	75	64
74	70	70
81	73	72
97	80	92
	62	63
	71	
$\overline{X}_I = 82.14$	$\overline{X}_{II} = 68.44$	$\overline{X}_{III} = 71.75$

S는 이 결과를 근거로 3가지 학습방법에 차이가 있는지를 알아보고자 한다. 즉 3가지 학습방법의 평균이 같은지를 알아보고자 한다.

10.2 분산분석의 가정

분산분석을 하기 위해서는 분석하고자 하는 자료에 대한 가정이 필요하다. 즉, 분산분석을 분석하기 위해서는 분석하고자 하는 자료에 대한 다음 3가지 가정을 만족해야 한다.

1. 정규성
2. 분산의 동질성
3. 오차의 독립성

첫 번째 가정인 **정규성**은 각 그룹의 값들이 정규분포를 해야 한다는 것을 말한다. t 검정의 경우에서와 같이 분산분석 검정에서도 정규분포로부터 벗어나는 것에 대한 "**로버스트**(robust)"가 있다. 즉, 분산분석 검정에서의 분포가 정규분포로부터 극단적으로 벗어나지 않는 한 유의수준은 정규성의 부족에 의한 영향을 크게 받지 않는다. 특히 표본이 클 때는 더욱 그렇다.

두 번째 가정으로 **분산의 동질성**이란 것은 각 모집단 내에 분산들이 같아야 한다는 것을 나타내주고 있다($\sigma_1^2 = \sigma_2^2 = \cdots = \sigma_c^2$). 이 가정은 그룹 내의 분산들이 하나의 변이의 그룹 내의 요인으로 통합이 필요하기 때문이다. 만일 각 그룹 내의 표본의 크기가 같다면 F분포에 근거한 추론은 같지 않은 분산에 대하여 심각하게 영향을 받지는 않을 것이다. 그러나 만일 각 그룹들 간에 표본의 크기가 같지 않다면 그룹과 그룹들 사이의 같지 않은 분산은 분산분석에서 추론을 이끌어내는 데 상당한 오류를 갖게 될 것이다. 그러므로 간단한 계산과 로버스트성(robustness), 검정력의 견해로 보아 가능한 한 모든 그룹의 표본의 크기를 같게 하는 것이 좋다.

세 번째 가정인 **오차의 독립성**은 자료를 모으는 과정에서의 실수 뿐 아니라 각 그룹의 평균과 각각의 값들 간의 차이를 언급한 것이다. 이 가정은 각 값들 간에 독립성이 있어야 한다는 것이다. 즉, 한 관찰치의 오류는 다른 관찰치의 오류와 서로 독립되어 있어야 한다는 말이다. 이 가정은 또 한 그룹에서 두 객체가 쌍둥이라면 타당하지 않다. 그들의 행동이 다른 두 객체의 행동보다는 서로 유사할 것이기 때문이다. 이 가정은 역시 주기적으로 발생하는 자료에 대해서도 타당하지 않다. 서로 근접한 시간에 일어나는 관찰치들이 멀리 떨어져서 일어나는 관찰치보다는 유사할 것이기 때문이다. 예를 들어 체온을 생각해 보자. 오늘 잰 체온은 일주일 전에 잰 체온보다 어저께 잰 체온이 더 유사할 것이다. 이러한 가정에서 벗어난다는 것은 분산분석의 추론에 상당한 영향을 끼친다.

10.3 분산분석

먼저 분산분석을 이해하기 위해서 **예제** 10.1에서는 다양한 학습방법(때에 따라서 '방법'이란 용어와 '그룹'이라는 용어를 혼용해서 표기하겠다.)들의 모평균이 같은지를 검정하고자 한다. 예를 들어 c개의 방법 또는 그룹이 있다면 귀무가설은 다음과 같이 설정할 수 있겠다.

$$H_0 : \mu_1 = \mu_2 = \cdots = \mu_c$$

H_1 : 최소한 하나의 평균이 다르다.

예제 10.1에서는 3개의 그룹이 있으므로 귀무가설은 다음과 같이 표현할 수 있다.

$$H_0 : \mu_{\text{I}} = \mu_{\text{II}} = \mu_{\text{III}}$$

H_1 : 최소한 하나의 평균이 다르다.

예제 10.1에서 볼 수 있듯이 3그룹에 대해 3개의 표본평균($\overline{X}_I = 82.14$, $\overline{X}_{II} = 68.44$, $\overline{X}_{III} = 71.75$)이 있다. 우리가 의문을 갖게 되는 것은 그룹의 표본평균 간에 차이가 있다는 것이 모집단의 평균들이 다르다는 결론으로 내릴 만큼 충분한지를 보는 것이다. 귀무가설 하에서 모집단의 평균은 모두 같으므로 점수상의 총 변이의 척도는 모든 평균 $\bar{\bar{X}}$과 각 관찰치 간의 차이의 제곱의 합이다. 총 변이는 다음과 같이 계산될 수 있다.

$$\text{총 변이} = \sum_i \sum_j (X_{ij} - \bar{\bar{X}})^2$$

X_{ij} : j번째 그룹에서 i번째 관찰치

$$\bar{\bar{X}} = \frac{\sum_i \sum_j X_{ij}}{n} \ : \text{총평균}$$

n : 표본의 총계

총 변이는 총 제곱합(total sum of squares, SST)이라고도 부른다. 예의 결과는 다음과 같다.

$$\bar{\bar{X}} = \frac{\sum_i \sum_j X_{ij}}{n} = \frac{87+80+\cdots+58+\cdots+63}{24} = 73.54$$

$$SST = \sum_i \sum_j (X_{ij} - \bar{\bar{X}})^2 = (87-73.54)^2 + \cdots + (63-73.54)^2 = 2,299.96$$

이 총 변이는 각 값과 총 평균 간의 차이의 제곱합이다. 왜 값들 사이의 변이가 있나? 즉, 왜 관찰치가 모두 같지 않나? 한 가지 이유는 방법들마다 학습방법(그룹)이 다르므로 그들의 값에 영향을 미치는 것이다. 이것은 그룹 간의 평균이 왜 다른지를 그 이유를 부분적으로 보여 주고 있다. 방법(그룹)이 다르면 다를수록 그룹 간의 평균의 변이가 달라진다는 것을 알 수 있다.

또, 한 그룹 내에서도 유치원 아동들의 점수가 달라짐을 알 수 있다. 즉 한 그룹(방법) 간의 차이도 있지만 한 그룹 내의 유치원 아동들 사이에도 차이가 있다. 이를 그룹 내 변이(within-group variation)라 한다. 또한 그룹평균 간의 차이를 그룹 간 변이(between-group variation)라 한다.

총 변이는 두 가지 성분으로 나눌 수 있다. 하나는 그룹 간의 변이로 구성되어 있고 하나는 그룹 내의 변이로 구성되어 있다.

총 변이(SST)=그룹 간 변이(SSB)+그룹 내 변이(SSW)

그룹 간 변이는 각 그룹의 표본평균($\overline{X}_j$)과 전체 평균($\overline{\overline{X}}$)사이의 차의 제곱에 표본의 크기(n_j)에 가중치를 준 것들의 합이다. 그룹 간의 변이는 일반적으로 **그룹 간 제곱합**(sum of square between group: SSB)이라 부르며 다음과 같이 표현할 수 있다.

$$SSB = \sum_j n_j (\overline{X}_j - \overline{\overline{X}})^2$$

여기서, n_j : j그룹의 관찰개수, $\overline{X}_j$: j그룹의 표본평균, $\overline{\overline{X}}$: 총평균

여기의 결과에서는 다음과 같이 계산할 수 있다

$$\begin{aligned} SSB &= \sum_j n_j (X_j - \overline{\overline{X}})^2 \\ &= 7(82.14-73.54)^2 + 9(68.44-73.54)^2 + 8(71.75-73.54)^2 \\ &= 777.39 \end{aligned}$$

일반적으로 **그룹 내 제곱합**(sum of square within group: SSW)이라 불리는 그룹 내 변이는 모든 각 그룹의 평균과 각각의 값들 사이에 대한 차의 제곱합의 척도이다. 그룹 내의 변이는 다음과 같이 계산될 수 있다.

$$SSW = \sum_i \sum_j (X_{ij} - \overline{X}_j)^2$$

여기서, $\overline{X}_j$: j그룹의 평균, X_{ij} : j번째 그룹에서 i번째 관찰치

따라서, 결과는 다음과 같다.

$$SSW = (87-82.14)^2 + (80-82.14)^2 + \cdots + (63-71.75)^2 = 1{,}522.58$$

그러므로, 총 변이는 그룹 간 변이와 그룹 내 변이의 합으로 표현될 수 있다.

$$SST = SSB + SSW$$

10.4 F분포

각 그룹 간의 평균이 모두 같은지를 검정하기 위하여 모분산의 두 다른 추정치를 조사할 필요가 있다. 하나는 그룹 내의 제곱합(SSW)에 근거한 것이고 다른 하나는 그룹 간의 제곱합(SSB)에 근거한 것이다. 만일 귀무가설이 사실이라면 이 추정치는 거의 같아야 한다. 만일 귀무가설이 사실이 아니라면 그룹 간의 제곱합에 근거한 추정치의 값이 더 커야만 한다.

각 그룹 내에서 자유도는 그 그룹의 개수에 1을 뺀 것과 같다. c그룹이 있을 경우 만일 그룹 내에 자유도를 모두 더한다면 $df_w = n - c$를 얻는다.

$[(n_1 - 1) + (n_2 - 1) + \cdots + (n_c - 1) = n - c]$ 즉, 제곱평균에서 사용되는 분산추정치를 계산하기 위한 자유도이다. 그룹 내 평균제곱(mem square without, MSW)은 각 그룹의 표본평균에 대한 변이의 척도를 나타낸다.

그룹 내 분산의 추정치(mem square between, MSB)는 그룹 간의 제곱합을 그룹 간의 자유도로 나누므로 계산할 수 있다. 자유도는 그룹의 개수보다 하나를 뺀 값과 같다. 즉 $df_B = c - 1$이다. 이것은 SSB가 c그룹의 평균과 전체 평균 사이에서 계산되어지기 때문이다. 그룹 간의 분산 MSB는 다음과 같이 계산될 수 있다.

$$\text{MSB} = \frac{\text{그룹 간의 제곱합}}{\text{그룹 간의 자유도}} = \frac{\text{SSB}}{df_B} = \frac{\sum_j n_j (\overline{X}_j - \overline{\overline{X}})^2}{c-1}$$

그룹 내의 분산 MSB는 다음과 같이 계산될 수 있다.

$$\text{MSW} = \frac{\text{그룹 내의 제곱합}}{\text{그룹 내의 자유도}} = \frac{\text{SSW}}{df_W} = \frac{\sum_i \sum_j (X_{ij} - \overline{X}_j)^2}{n-c}$$

그룹 간의 분산추정치는 관찰치 간의 임의 변동을 설명할 뿐 아니라 그룹 간의 차이도 측정한다. 만일 그룹 간에 차이가 없으면 어떤 표본평균 차이도 임의 변이에 의해 설명할 수 있고 그룹 간의 분산이 그룹 내의 분산과 같아질 것이다. 만일 그룹 간의 차이가 있다면 그룹 간의 분산인 MSB는 그룹 내의 분산보다 클 것이다. 검정통계량은 MSB, MSW의 두 통계량에 근거하고 있다. 만일 귀무가설이 사실이면 이 비는 1에 가깝고 귀무가설이 사실이 아니면 분자가 분모보다 크므로 비는 1보다 커진다. 귀무가설을 기각하기 전에 이 비의 크기를 알아야 하므로 귀무가설이 사실일 때에 이 통계량의 분포를 알 필요가 있다. 이 분포를 영국의 통계학자인 R. A. Fisher의 이름을 따 F분포라 한다.

[부록 4]에서 F분포가 두 가지의 자유도에 의존하고 있는 것을 알 수 있다. 분모는 그룹 내의 자유도이고 분자는 그룹 간의 자유도이다.

$$F = \frac{\text{MSB}}{\text{MSW}} \tag{10.1}$$

의사결정 방법은 유의수준 α에서 다음과 같은 부등호를 갖게 되면 그룹 간 차이가 없다는 가설을 기각하게 된다.

$$F = \frac{\text{MSB}}{\text{MSW}} > F_{c-1,\, n-c}$$

여기서 $F_{c-1, n-c}$는 자유도가 $c-1$이고 $n-c$인 F분포의 기각값이다.

[표 10.3]에서 $SSB = 777.39$, $SSW = 1522.58$, $n = 24$, $c = 3$이므로

$$\text{MSB} = \frac{\text{SSB}}{df_B} = \frac{\sum_j n_j(\overline{X}_j - \overline{\overline{X}})^2}{c-1} = \frac{777.39}{3-1} = \frac{777.39}{2} = 388.69$$

이며, 그룹 간의 분산 MSW는 다음과 같이 계산될 수 있다.

$$\text{MSW} = \frac{\text{SSW}}{df_W} = \frac{\sum_i \sum_j (X_{ij} - \overline{X}_j)^2}{n-c} = \frac{1,522.58}{24-3} = \frac{1,522.58}{21} = 72.50$$

이다. 따라서,

$$F = \frac{MSB}{MSW} = \frac{388.69}{72.50} = 5.36$$

이다.

만일 .05의 유의수준을 택한다면 F분포의 기각값은 [부록 3]에서 얻어질 수 있다. 이 [부록 4]의 값은 F분포의 상위 백분점을 말한다. **예제 10.1**에서 분자의 자유도가 2이고 분모의 자유도가 21이므로 유의수준 .05에서의 F분포의 기각값은 3.47이다. 그러므로 계산된 F값이 3.47보다 크면 귀무가설($H_0 : \mu_I = \mu_{II} = \mu_{III}$)을 기각하게 된다. 따라서, $F = 5.36 > F_{2.21} = 3.47$이므로 통계적인 결정은 귀무가설의 기각이다. 따라서, 연구자는 세 가지의 교수 방법에 유의적인 차이가 있다고 봐야 한다.

10.5 분산분석표

그룹 내와 그룹 간의 분산의 계산과정은 몇 단계를 포함하므로 결과에 대한 일목요연하게 나타낼 수 있는 분산분석표(ANOVA table)가 있다. [표 10.2]에 나타나 있는 이 표는 변이의 요인, 제곱합, 자유도, 평균제곱 그리고 계산된 F값이 있다. **예제 10.1**에 대한 결과는 [표 10.3]에 있다.

[표 10.2] 분산분석표

요인	평방합	자유도	평균평방	F
그룹 간	$SSB = \sum_j n_j(\bar{X}_j - \bar{\bar{X}})^2$	$c-1$	$MSB = \dfrac{SSB}{(c-1)}$	$\dfrac{MSB}{MSW}$
그룹 내	$SSW = \sum_i \sum_i (X_{ij} - \bar{X}_j)^2$	$n-c$	$MSW = \dfrac{SSW}{(n-c)}$	
합계	$SST = \sum_i \sum_i (X_{ij} - \bar{\bar{X}})^2$	$n-1$		

[표 10.3] 분산분석표

요인	평방합	자유도	평균평방	F
그룹 간	777.39	2	388.69	5.36
그룹 내	1,522.58	21	72.50	
합계	2,299.97	23		

10.6 다중비교

분산분석으로부터 '$H_0 : \mu_1 = \mu_2 = \cdots = \mu_c$, H_1 : 최소한 하나의 평균이 다르다.'에 대한 검정을 하였다. 이런 검정 결과 귀무가설을 기각하게 되어 각 그룹 간의 평균이 모두 같지 않다고 판명이 되면 다음 과정으로 그럼 어떤 그룹의 평균이 같지 않아 전체가 기각이 되었는지 파악해 볼 필요가 있다. 이런 경우 각각의 그룹 간의 평균을 모두 비교하는 것을 다중비교라 한다. 다중비교를 하는 방법으로는 Bonferroni 방법, Duncan 방법, Scheffe 방법, 최소유의차 방법(lsd), Tukey 방법 등 10개 이상의 방법이 있다. 그러나 여기서는 최소유의차 방법을 소개하고자 한다. 최소유의차 방법은 가장 오래된 다중비교 방법으로 i번째 그룹의 평균 μ_i와 j번째 그룹의 평균 μ_j의 차 $\mu_i - \mu_j$에 대하여 $|\overline{X_i} - \overline{X_j}| > t_{(\alpha/2)}(\sum n - c)\sqrt{MSE(\frac{1}{n_i} + \frac{1}{n_j})}$ 이면 두 그룹의 차이가 유의하다고 하며 $|\overline{X_i} - \overline{X_j}| < t_{(\alpha/2)}(\sum n - c)\sqrt{MSE(\frac{1}{n_i} + \frac{1}{n_j})}$ 이면 두 그룹의 차이가 없다고 한다. 이는 개별적인 t검정을 여러 번 수행한 결과와 같다.

SAS 프로그램

```
data method;
input method $ score @@;
cards ;
A 87 A 80 A 74 A 82 A 74 A 81 A 97
B 58 B 63 B 64 B 75 B 70 B 73 B 80 B 62 B 71
C 81 C 62 C 70 C 64 C 70 C 72 C 92 C 63
;
```

```
proc glm;
class method;
model score = method;
means method / lsd;
title 'method' ;
run ;
```

SAS 결과

Dependent Variable: score

Source	DF	Sum of Squares	Mean Square	F Value	Pr > F
Model	2	777.378968	388.689484	5.36	0.0132
Error	21	1522.579365	72.503779		
Corrected Total	23	2299.958333			

R-Square	Coeff Var	Root MSE	score Mean
0.337997	11.57835	8.514915	73.54167

The GLM Procedure

t Tests (LSD) for score

Note: This test controls the Type I comparisonwise error rate, not the experimentwise error rate.

Alpha	0.05
Error Degrees of Freedom	21
Error Mean Square	72.50378
Critical Value of t	2.07961

Comparisons significant at the 0.05 level are indicated by ***.

method Comparison	Difference Between Means	95% Confidence Limits		
A - C	10.393	1.228	19.557	***
A - B	13.698	4.775	22.622	***
C - A	-10.393	-19.557	-1.228	***
C - B	3.306	-5.299	11.910	
B - A	-13.698	-22.622	-4.775	***
B - C	-3.306	-11.910	5.299	

regwq을 넣을 경우(**means** method / lsd regwq)의 결과

The GLM Procedure

Ryan-Einot-Gabriel-Welsch Multiple Range Test for score

Note: This test controls the Type I experimentwise error rate.

Alpha	0.05
Error Degrees of Freedom	21
Error Mean Square	72.50378
Harmonic Mean of Cell Sizes	7.91623

Note: Cell sizes are not equal.

Number of Means	2	3
Critical Range	8.9005182	10.787851

Means with the same letter are not significantly different.			
REGWQ Grouping	Mean	N	method
A	82.143	7	A
B	71.750	8	C
B			
B	68.444	9	B

SPSS 예제-설문지

SPSS 프로그램

일원배치 분산분석은 다음과 같이 실행한다.

☞ 분석(A) ⇒ 평균 비교(M) ⇒ 일원배치 분산분석(O)

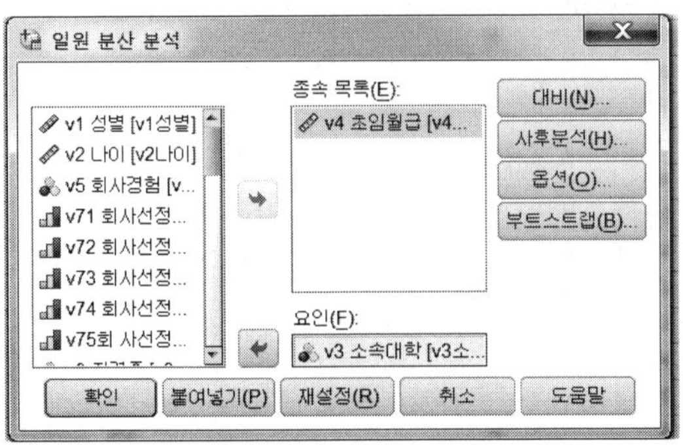

SPSS 결과

기술통계

v4 초임월급

		N	평균	표준편차	표준 오차	평균의 95% 신뢰구간 하한	평균의 95% 신뢰구간 상한	최솟값	최댓값	구성요소 간 분산
공과대학		45	223.33	70.679	10.536	202.10	244.57	150	500	
인문대학		44	256.82	84.737	12.775	231.06	282.58	170	600	
사회과학대		38	230.66	66.212	10.741	208.89	252.42	130	500	
자연대학		39	214.36	82.000	13.130	187.78	240.94	120	500	
예체능대학		39	226.67	55.457	8.880	208.69	244.64	130	400	
총계		205	230.80	73.653	5.144	220.66	240.95	120	600	
모형	고정 효과			72.909	5.092	220.76	240.85			
	랜덤 효과				7.295	210.55	251.06			135.784

모분산의 동질성 검정

분산의 동질성 검정

v4 초임월급

Levene 통계	df1	df2	유의수준
.776	4	200	.542

분산분석이 유용하기 위해서는 표본이 무작위적으로 추출되었으며 모집단은 동일한 분산을 가지고 있다는 가정을 충족시켜야 한다. 이 얻어진 데이터가 분산분석을 위한 가정을 충족시키는지를 알아보기 위해 Levene 통계량을 사용할 수 있다. Levene 통계량 값이 0.776으로써 P＝0.542 > 0.05이어서 모집단의 분산이 동일하다는 귀무가설이 채택된다. 따라서 분산분석이 가능한 가정을 충족하므로 계속적인 분석이 가능하다.

분산분석					
v4 초임월급					
	제곱합	df	평균 제곱	F	유의수준
그룹 사이	43503.456	4	10875.864	2.046	.089
그룹 내	1063138.739	200	5315.694		
총계	1106642.195	204			

분산분석 결과를 보면 유의수준 0.05에서는 각 대학별로 차이가 없음을 알 수 있다. 그러나 유의수준을 0.1로 올릴 경우 0.089<0.1이므로 기각이 되어 각 대학별 초임월급의 차이가 있음을 알 수 있다. 아래는 다중비교의 결과이다.

다중비교						
종속변수: v4 초임월급						
LSD						
(I) v3 소속대학	(J) v3 소속대학	평균 차이(I-J)	표준 오차	유의수준	95% 신뢰구간	
					하한	상한
공과대학	인문대학	-33.485*	15.458	.031	-63.97	-3.00
	사회과학대	-7.325	16.063	.649	-39.00	24.35
	자연대학	8.974	15.951	.574	-22.48	40.43
	예체능대학	-3.333	15.951	.835	-34.79	28.12
인문대학	공과대학	33.485*	15.458	.031	3.00	63.97
	사회과학대	26.160	16.146	.107	-5.68	58.00
	자연대학	42.459*	16.035	.009	10.84	74.08
	예체능대학	30.152	16.035	.062	-1.47	61.77
사회과학대	공과대학	7.325	16.063	.649	-24.35	39.00

	인문대학	-26.160	16.146	.107	-58.00	5.68
	자연대학	16.299	16.619	.328	-16.47	49.07
	예체능대학	3.991	16.619	.810	-28.78	36.76
자연대학	공과대학	-8.974	15.951	.574	-40.43	22.48
	인문대학	-42.459*	16.035	.009	-74.08	-10.84
	사회과학대	-16.299	16.619	.328	-49.07	16.47
	예체능대학	-12.308	16.511	.457	-44.86	20.25
예체능대학	공과대학	3.333	15.951	.835	-28.12	34.79
	인문대학	-30.152	16.035	.062	-61.77	1.47
	사회과학대	-3.991	16.619	.810	-36.76	28.78
	자연대학	12.308	16.511	.457	-20.25	44.86

*. 평균 차이가 0.05 수준에서 유의합니다.

10.7 그룹평균 간의 대비

앞의 예에서 교육의 방법에 차이가 있다는 결론을 내렸다. 즉 가설을 기각함으로써 그룹 간의 평균이 같지 않다는 것을 보였다. 그러면, 모든 평균이 다른가? 좀 더 확실한 정보를 얻기 위해서 각각의 그룹별로 평균을 비교해 볼 필요가 있다. 다시 말해 두 그룹 간의 비교를 해볼 필요성을 느낄 때가 있다는 것이다. 이런 두 평균의 비교를 **그룹평균 간의 대비**(contrasts)라 한다.

자료를 모으기 전이라도 어떤 두 그룹의 비교가 이론적인 중요성을 가져 미리 대비해야 할 때가 있다. 이런 사전에 결정하는 것을 연구 전에 대비를 결정한다고 하여 사전(priors)이라 부른다. 반대로 자료를 수집한 후에 어떤 그룹이 다른 그룹과의 비교를 하기 원할 수 있다. 그때는 그룹 간의 외견상 차이가 유의한지를 검정해야 할 것이다. 결과를 본 후에 대비하는 것은 post hoc 대비라 한다.

첫 번째 대비는 두 그룹의 평균을 비교하는 것이다. **예제 10.1**에서 S는 Ⅱ의 학습방법과 Ⅲ의 학습방법이 차이가 있는지를 검정하고자 한다.

가설을 $\mu_{\text{II}} = \mu_{\text{III}}$ 또는 $\mu_{\text{II}} - \mu_{\text{III}} = 0$으로 세워 검정하고자 한다. 따라서 이 가설

을 검정하고자 원한다면 그룹 Ⅱ와 Ⅲ의 표본평균의 차이가 어떠한지를 보아야 할 것이다. 만일, 그 차이가 0에 가깝다면 귀무가설을 기각하지 아니한다. 물론, 그 차이가 0에 가깝지 않다면 귀무가설을 주장할 근거가 약하게 된다. 그런 그룹평균을 포함하는 표현이 0과 같은지 아닌지를 검정하는 그런 가설을 평균 간의 대비라 부른다.

대비를 간단하게 표현하기 위해서 평균 앞에 곱해진 숫자, 즉 대비계수를 보기로 한다. 예에서는 대비계수는 1과 −1이다. 그러나 **예제** 10.1에서 3그룹으로 실행했으므로 어떻게 그룹의 계수를 언급할 수 있을까? 예에서 대비는 그룹 Ⅱ와 Ⅲ 사이에 일어나므로 그룹 Ⅰ은 무시된다. 따라서 그룹 Ⅰ의 계수로 0을 간주 할 수 있다. 그러므로 위의 예에서 대비계수는 0, 1, −1이다. 그룹 Ⅰ과 Ⅱ을 비교하기 위해서는 계수가 1, 0, −1이어야 한다. 검정에 관련해 또 다른 두 번째 대비를 생각해 보기로 하자. 학습방법 Ⅱ와 Ⅲ는 시각적 자료를 사용한 반면에 학습 Ⅰ은 청각적 자료를 사용한 결과라 가정하자. 만일, 시각적 자료를 사용하는 것과 청각적 자료를 사용하는 것이 다른 결과를 내는지를 알고자 한다고 하자. 이 경우는 그룹 Ⅰ과 그룹 Ⅱ, 그룹 Ⅲ의 평균과의 대비가 된다. 즉 다음과 같은 가설이 성립한다.

$$\mu_{\mathrm{I}} = \frac{\mu_{\mathrm{II}} + \mu_{\mathrm{III}}}{2}$$

이를 다르게 표현하면

$$\mu_{\mathrm{I}} - \frac{\mu_{\mathrm{II}} + \mu_{\mathrm{III}}}{2} = 0$$

이다. 즉, 그룹 Ⅰ에 표본평균이 그룹 Ⅱ, 그룹 Ⅲ의 표본평균과 가까우면 위의 두 차이는 0에 가까운 것이다. 이는 귀무가설을 받아드릴 가능성이 높은 것이고, 차이가 많이 난다면 위의 귀무가설이 아니라는 가능성이 높다. 이 경우의 대비계수는 1, −1/2, 1/2이다. 즉, 첫 그룹이라는 평균을 취하고 두 번째 세 번째 그룹에서는 평균의 반을 취하여 계수를 형성한다. 대비 계수의 합은 0이 된다는 것을 주목할 필요가 있다. F검정을 각 대비가 0인지를 검정하는 데 사용된다. 대비를 검정하기 위한 그룹 간 제곱은 다음과 같다.

$$SS_{CON} = \frac{(\sum_j c_j \overline{X_j})^2}{\sum_j \frac{c_j^2}{n_j}}$$

여기서, c_j는 j번째 그룹의 대비 계수, n_j는 j번째 그룹의 관찰 개수

분자는 대비에 대한 계산된 값의 제곱이며 분모는 각 계수 c_j에 대한 각 항의 합이다. 즉, 각 항은 j그룹의 계수의 제곱에 j그룹의 관찰치의 개수를 나눈 것이다.

첫 번째 대비에 대한 제곱의 합은 다음과 같다.

$$\frac{[(0)(82.14)+(1)(68.44)+(-1)(71.75)]^2}{[(0)^2(1/7)+(1)^2 1/9+(-1)^2(1/8)]} = \frac{10.956}{0.2361} = 46.40$$

두 번째 대비에 대한 제곱의 합은

$$\frac{[(1)(82.14)+(-1/2)(68.44)+(-1/2)(71.75)]^2}{[(1)^2(1/7)+(-1/2)^2(1/9)+(-1/2)^2(1/8)]} = \frac{145.082}{9.2019} = 718.58$$

각 대비는 자유도 1을 갖고 있다. 그러므로 각 대비에 대한 제곱평균은 제곱의 합과 같다. 즉, $MS_{CON} = SS_{CON}$이다.

각 대비에 대한 그룹 내 제곱평균은 분산분석에서 계산한 72.50의 그룹 내 제곱평균과 같다. 그러므로 대비검정에 대한 F비는 다음과 같다.

$$F_{CON} = \frac{MS_{CON}}{MSW}$$

따라서 첫 번째 대비는

$$F_{CON} = \frac{46.40}{72.50} = .64$$

이고 두 번째 대비는

$$F_{CON} = \frac{718.58}{72.50} = 9.91$$

이다. 사전대비를 검정하기 위해서 유의수준 .05에서 자유도가 (1,21)인 F의 기각값을 사용하였다. 유의수준 .05에서 기각값은 4.32이다. 첫 대비는 유의하지 않으므로 그룹 Ⅱ와 Ⅲ은 서로 다르지 않다는 결론을 내릴 수 있다. 반면에 두 번째 대비는 유의하므로 그룹 Ⅰ과 Ⅱ 또는 Ⅲ와 다르다. 그룹의 부호나 그룹의 평균을 보고 알 수 있는데 그룹 Ⅰ의 평균은 그룹 Ⅱ와 Ⅲ의 평균보다 크다.

비교하기 위한 검정을 했기 때문에 위의 검정도 사전대비라 할 수 있다. 즉, 연구계획 성격에 따라 그룹 Ⅱ와 Ⅲ는 평균이 서로 비슷하기 때문에 그룹 Ⅱ와 Ⅲ은 유사하다 할 수 있다. 그러나 그룹 Ⅰ과 Ⅱ와 Ⅲ는 평균이 많이 차이가 나므로 두 그룹 사이는 다르다고 할 수 있다.

SAS 프로그램

```
data method;
input method $ score @@;
cards ;
;
A 87 A 80 A 74 A 82 A 74 A 81 A 97
B 58 B 63 B 64 B 75 B 70 B 73 B 80 B 62 B 71
C 81 C 62 C 70 C 64 C 70 C 72 C 92 C 63
;
proc glm;
class method;
model score = method;
contrast 'B and,C' method 0  1 -1
contrast 'A and B,C' method 1 -.5 -.5
title 'method' ;
run ;
```

SAS 결과 대비 부분만 발췌

Contrast	DF	Contrast SS	Mean Square	F Value	Pr > F
B and,C	1	46.2777778	46.2777778	0.64	0.4333
A and B,C	1	718.7130182	718.7130182	9.91	0.0048

PART

11

범주형 자료의
검정-교차분석

STATISTICAL
ANALYSIS

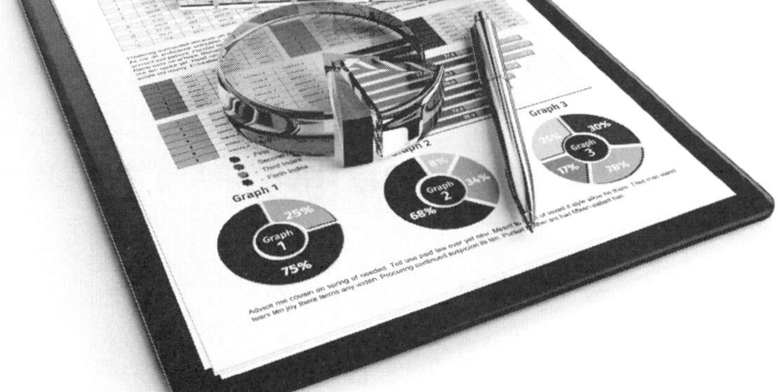

11.1 들어가기에 앞서

9장~10장에서는 양적인 한 그룹이나 두 그룹 그리고 두 그룹 이상 평균의 차이에 관한 가설을 검정하는 문제를 다루었다. 이 장에서는 범주형 자료로서, 질적인 변수의 가설검정을 다루고자 한다.

예제 11.1 노트북 제조회사에 근무하는 P는 정기적으로 노트북 전시회를 개최하고 이 노트북 전시회를 개최하고 난 후의 노트북 구매력에 관한 정보를 얻고자 하여 관람객 중에 400명을 임의로 선택하여 다음과 같은 설문조사를 하였다.

1) 노트북을 가지고 있지 않은 사람에게는 다음과 같은 질문을 하였다.
당신은 6개월 이내에 노트북을 구입할 생각이 있나요?
① 예　　② 아니오

2) 노트북을 가지고 있는 사람에게는 다음과 같은 질문을 하였다.
2-1) 당신은 어떤 목적으로 노트북을 쓰고 있습니까?
① 사업상　② 교육용으로　③ 오락을 즐기기 위해

2-2) 당신이 쓰고 있는 노트북은 어떤 회사제품입니까?
① A회사　② B회사　③ C회사　④ D회사

3) 당신은 내년 전시회 또 오실 의향이 있습니까?
① 예　　② 아니오

이런 설문지를 통하여 자료를 얻은 P는 다음과 같은 몇 가지 질문에 대한 결과를 얻고 싶다.

(1) 내년에 이런 전시회에 다시 오겠다는 것과 이번 전시회에서 노트북을 구입한 여부와 관계가 있는지를 알고 싶다.

(2) 소유한 노트북의 제조회사와 노트북 사용 목적이 서로 관계가 있는지 알고 싶다.

(3) 6개월 후 추적조사를 근거로 하여 전시회에 노트북을 사겠다는 사람의 비와 실제로 산 사람의 비가 같은지 알고 싶다.

11.2 교차분석: 카이제곱(Chi-square) 검정 이용

다음과 같은 가설을 세우고 내년에 다시 방문하는 경우와 노트북을 구입하는 것과 관계가 있는지를 알아보려고 한다.

H_0 : 내년에 오는 것과 노트북 구입과는 독립이다.

H_1 : 내년에 오는 것과 노트북 구입과는 독립이 아니다.

[표 11.1] 노트북 구입 여부와 내년에 다시 오겠다는 것에 대한 분할표

	이번에 구입을 했나요?		
내년에 다시 오겠습니까?	예	아니오	합
예	58(53.17)	61(65.83)	119
아니오	26(30.83)	43(38.67)	69
합	84	104	188

각 셀의 이론적인 빈도 f_t는 다음과 같이 계산될 수 있다.

$$f_t = \frac{n_R n_C}{n} \tag{11.1}$$

여기서, n_r : 행의 총계, n_c : 열의 총계, n: 총 표본의 크기이다. 그러므로, 현재 물건을 사고 내년에 다시 올 사람의 53.17의 이론적인 값은 합계의 행의 값(119)에 합계의 열의 값(84)을 곱하여 총합계를 나눈 값이다. 따라서 각 셀의 이론적인 빈도는 다음과 같이 계산될 수 있다.

$$f_t = \frac{119(84)}{188} = 53.17, \quad f_t = \frac{119(104)}{188} = 65.83$$

$$f_t = \frac{69(84)}{188} = 30.83, \quad f_t = \frac{69(104)}{188} = 38.17$$

카이제곱 분석은 관찰치의 빈도 f_o와 이론적인 빈도 f_t 사이의 차이의 제곱합을 이용하는 것이다. 만일 두 그룹에서 모비율의 차이가 없다면 관찰치의 빈도와 이론적인 빈도의 차의 제곱합은 적은 수를 나타낼 것이다. 만일 두 그룹의 차이가 크다면 관찰치의 빈도와 이론의 빈도 사이의 차이의 제곱합이 클 것이다. 따라서 두 그룹 사이의 차이를 알아보기 위해서 다음과 같은 카이제곱을 이용하게 된다. 즉,

$$\chi^2 = \sum \frac{(f_o - f_t)^2}{f_t} \tag{11.2}$$

이 통계량은 근사적으로 자유도가 행의 개수에 1을 뺀 값(R-1)과 열의 개수에 1을 뺀 값(C-1)의 곱인 카이제곱분포(χ^2)를 따른다.

$$\text{자유도} = (R-1)(C-1)$$

귀무가설은 계산된 검정통계량이 자유도에 대한 카이제곱의 기각값보다 크면 기각한다. 카이제곱분포는 자유도에 의존하는 왜도된 분포이다. 자유도의 수가 크면 클수록 카이제곱분포는 좀 더 대칭에 가까워진다. [부록 4]에서 각 행의 윗부분의 값은 상위비율의 영역을 나타내는 값이다. 예를 들면 자유도가 1인 경우 .05의 상위 꼬리 영역의 값은 3.841이다. 이것은 자유도가 1인 경우 3.841의 카이제곱값의 초과하는 양은 .05이라는 의미이다.

예에서 행과 열이 모두 2개의 값이므로 자유도는 (2-1)(2-1)＝1의 자유도는 갖게 된다. 따라서 기각역은 다음과 같다.

만일 $\chi^2 > \chi^2_1 = 3.841$이면 H_0을 기각하고,

그렇지 않을 경우에는 H_0를 기각하지 아니한다.

식 (11.2)을 이용해서 [표 11.2]을 통해 카이제곱 검정통계량을 계산할 수 있다.

[표 11.2] 카이제곱 통계량 계산

f_0	f_t	$(f_0 - f_t)$	$(f_0 - f_t)^2$	$(f_0 - f_t)^2 / f_t$
58	53.17	4.83	23.3289	.43876
26	30.83	-4.83	23.3289	.75669
61	65.83	-4.83	23.3289	.35438
43	38.17	4.83	23.3289	.61118
				$\chi^2 = 2.16101$

[표 11.2]을 통해 계산된 카이제곱값은 2.16101이다. 이는 2.16101 < 3.84이므로 귀무가설은 기각되지 아니한다. 그러므로, 내년에 방문 여부와 노트북 구입 여부와는 독립이므로 서로 연관이 없다.

카이제곱 검정은 분할표의 각 셀의 기대도수가 최소 5개 이상 될 때 정확하다. 특히 각 행과 열이 2인 분할표 즉, 자유도가 1인 경우는 더욱 중요하다.

SAS 프로그램

```
data pc_note;
input return $ item $ count @@;
cards ;
yes  yes 58
yes no 26
no yes 61
no no 43
;
proc freq;
table return* item / expected chisq norow;
weight count;
title 'pc note' ;
run ;
```

SAS 결과

빈도 기대값 백분율 칼럼 백분율

테이블:return * item			
	item		
return	no	yes	합계
no	43 38.17 22.87 62.32	61 65.83 32.45 51.26	104 55.32
yes	26 30.83 13.83 37.68	58 53.17 30.85 48.74	84 44.68
합계	69 36.70	119 63.30	188 100.00

return * item 테이블에 대한 통계량

통계량	자유도	값	Prob
카이제곱	1	2.1608	0.1416
우도비 카이제곱	1	2.1758	0.1402
연속성 수정 카이제곱	1	1.7366	0.1876
Mantel-Haenszel 카이제곱	1	2.1493	0.1426
파이 계수		0.1072	
우발성 계수		0.1066	
크래머의 V		0.1072	

11.3 R×C표에서 독립성 검정

앞에서는 행과 열이 각각 2개인 경우를 계산하였지만, 이를 다음과 같이 확장을 할 수 있다. 즉, 2개가 아닌 R개의 행이 있고, C개의 열이 있는 분할표의 경우에 독립성 검정으로 역시 카이제곱 검정을 사용할 수 있다.

예제 11.1에 P의 두 번째 관심 사항에 관하여 알아보자. P는 노트북의 제조회사와 사용목적에 따른 관계가 있는지를 알고 싶다. 이 정보는 [표 11.3]에 두 변수로 분류하였다.

[표 11.3] 노트북 제조회사와 노트북의 사용 목적 분할표

노트북의 제조회사	사용 목적			합계
	사업	교육	오락	
A회사	57	0	1	58
B회사	34	15	0	49
C회사	3	26	23	52
D회사	26	3	0	29
합계	120	44	24	188

귀무가설과 독립가설은 다음과 같이 설정할 수 있다.

H_0 : 노트북 회사와 사용 목적은 독립이다.

H_1 : 노트북 회사와 사용 목적은 독립이 아니다.

만일, 유의수준 0.05에서 검정한다면 기각값은 12.592이다. 이는 자유도가 6인 χ^2값이다. 통계검정은 다음과 같다.

$\chi^2 > \chi_6^2 = 12.592$이면 H_0는 기각

그렇지 않은 경우에 H_0를 기각하지 않음

12개의 셀에 적힌 이론적인 빈도는 식 (11.2)에 의해 다음과 같이 계산되어 진다 [표 11.4]. 기대빈도의 계산에 대한 간단한 검산은 기대빈도의 주변합이 관찰치의 주변합과 같은지를 봐야 한다. 예를 들어 기대빈도의 첫 열의 합 $37.02 + 31.28 + 33.19 + 18.51 = 120$은 관찰치의 첫 열의 합과 같다.

[표 11.4] 셀의 이론적인 빈도

$\frac{58(120)}{188} = 37.02$	$\frac{58(44)}{188} = 13.57$	$\frac{58(24)}{188} = 7.41$
$\frac{49(120)}{188} = 31.28$	$\frac{49(44)}{188} = 11.47$	$\frac{49(24)}{188} = 6.25$
$\frac{52(120)}{188} = 33.19$	$\frac{52(44)}{188} = 12.17$	$\frac{52(24)}{188} = 6.64$
$\frac{29(120)}{188} = 18.51$	$\frac{29(44)}{188} = 6.79$	$\frac{29(24)}{188} = 3.70$

한 셀(기호와 오락)은 5 이하의 이론적인 빈도를 갖고 있다. 그러나 큰 분할표에서 (4×3 이상의 …) 한 셀이 5 이하의 기대빈도를 갖고 있더라도 카이제곱 검정에는 큰 문제가 되지 않지만, 1 이하일 때는 고려를 해봐야 한다. 이 카이제곱 값은 [표 11.5]와 같다.

[표 11.5] 카이제곱의 통계량 계산

f_0	f_t	(f_0-f_t)	$(f_0-f_t)^2$	$(f_0-f_t)^2/f_t$
57	37.02	19.98	399.2004	10.78337
34	31.28	2.72	7.3984	.23652
3	33.19	-30.19	911.4361	27.46117
26	18.51	7.49	56.1001	3.03080
0	13.57	-13.57	184.1449	13.57000
15	11.47	3.53	12.4609	1.08639
26	12.17	13.85	191.2689	15.71643
3	6.79	-3.79	14.3641	2.11548
1	7.41	-6.41	41.0881	5.54495
0	6.25	-6.25	39.0625	6.25000
23	6.64	16.36	267.6496	40.30867
0	3.70	3.70	13.6900	3.70000
				$\chi^2=129.80378$

$\chi^2=129.80378 > \chi^2=12.5926$이므로 귀무가설은 기각된다. 따라서, P는 노트북의 회사와 노트북 사용 목적은 서로 관계가 있다는 결론을 내릴 수 있다

SAS 프로그램

```
data note book_company;
input  company $ use $ count @@;
cards ;
A   biz   57
A   edu    0
A   ent     1
B   biz   34
B   edu 15
B   ent    0
C   biz    3
C   edu 26
C   ent  23
D   biz  26
D   edu  3
D   ent   0
;
proc freq;
table company* use/expected chisq norow nopercent;
```

```
weight count;
title 'note book company' ;
run ;
```

SAS 결과

빈도
기대값
칼럼 백분율

테이블:company * use				
	use			
company	biz	edu	ent	합계
A	57 37.021 47.50	0 13.574 0.00	1 7.4043 4.17	58
B	34 31.277 28.33	15 11.468 34.09	0 6.2553 0.00	49
C	3 33.191 2.50	26 12.17 59.09	23 6.6383 95.83	52
D	26 18.511 21.67	3 6.7872 6.82	0 3.7021 0.00	29
합계	120	44	24	188

company * use 테이블에 대한 통계량

통계량	자유도	값	Prob
카이제곱	6	129.8269	<.0001
우도비 카이제곱	6	153.9066	<.0001
Mantel-Haenszel 카이제곱	1	23.7773	<.0001
파이 계수		0.8310	
우발성 계수		0.6391	
크래머의 V		0.5876	

SPSS 예제-설문지

성별과 외모에 대한 정의에 대한 독립인지의 결과를 쉽게 이해하기 위해 분석표를 작성하고자 할 때 다음과 같은 순서로 교차분석을 실행한다.

SPSS 프로그램 **☞ 분석(A) ⇒ 기술통계량(E) ⇒ 교차분석(C)**

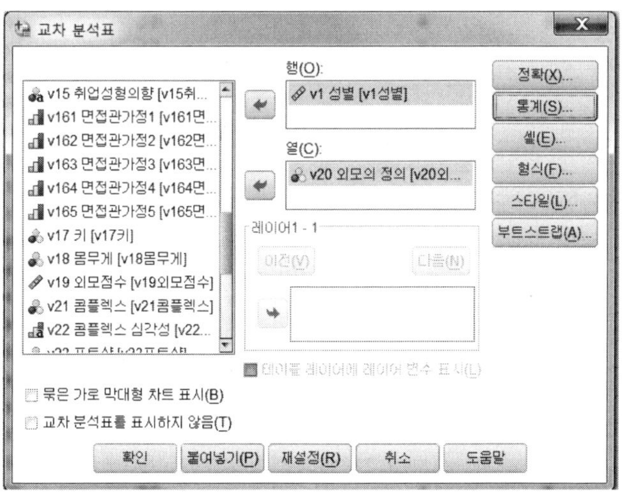

1) 정확한 검정

키워드	내용 설명
- 점근적 검정(Asymptotic Only)	검정통계량의 점근적 분포. 데이터가 많음을 가정
- 몬테카를로(Monte Carlo)	위의 가정과 관계없이 데이터 그룹이 큰 경우, Monte Carlo를 누르면, 원하는 신뢰수준의 표본의 수를 지정
- 정확(Exact)	관측결과의 확률 또는 더 많은 극단값의 출현확률을 정확하게 계산

2) 통계량

키워드	내용 설명
- 카이제곱(Chi-Square)	Pearson 카이제곱, 우도비 카이제곱, 선형대결합 카이제곱
- 상관관계(Correlations)	Pearson 상관계수 및 Spearman 상관계수
□ 명목 데이터(Nominal)	
- 분할계수(Contingency coefficient)	카이제곱을 기초로 한 결합 값
- 파이 및 Cramer의 V(Phi and Cramer's V)	카이제곱의 값을 표본의 수로 나눈 후 제곱을 한 경우의 값
- 람다(Lambda)	1은 완전한 예측, 0은 예측 못 하는 것
- 불확실성계수(Uncertainty coefficient)	1일 경우 정보를 더 많이 예측, 0일 경우 정보를 얻지 못하는 경우
□ 명목 데이터(Nominal)	
- 에타(Eta)	구간척도에 대해 측정된 종속변수와 범주데이터를 가지는 독립변수에 대한 적합한 결합 측정값, 두 개의 Eta값이 계산된다.
□ 순서 데이터(Ordinal)	변수가 서열척도인 경우
- 감마(Gamma)	카이제곱 검정을 마친 후에 쓰이는 보충 자료
- Sommers의 d(Sommers's d)	독립변수에 대한 대응변수가 비대칭을 이루는 분포
- Kendall의 타우-b(Kendall's tau-b)	비모수통계의 상관계수
- Kendall의 타우-c(Kendall's tau-c)	비모수통계의 상관계수
- 카파(Kappa)	1은 완전동의, 0은 동의 없음
- 위험도(Risk)	결합 강도
- McNemar	두 변수 간의 분포 차이 검정
- Cochran 및 Mantel-Haenzel 통계량	이분형 요인변수와 이분형 응답변수 간의 독립성을 검정

3) 셀형식 표기

키워드	내용 설명
- 관측빈도(Observed)	관측된 빈도수
- 기대빈도(Expected)	셀에 기대 케이스 수
- 행(Row)	행의 퍼센트
- 열(Column)	열의 퍼센트
- 전체(Total)	각 셀의 총합 퍼센트
- 표준화되지 않음(Unstandardized)	표준화되지 않은 잔차
- 표준화된 잔차(Standardized)	표준화된 잔차
- 수정된 표준화 잔차(Adjusted standardized)	수정된 표준화된 잔차

SPSS 결과

v1 성별 * v20 외모의 정의 교차 분석표

			v20 외모의 정의					총계
			얼굴	몸매	분위기	인성	기타	
v1 성별	남성	개수	47	5	21	19	3	95
		기대개수	50.4	2.7	27.9	11.7	2.3	95.0
	여성	개수	65	1	41	7	2	116
		기대개수	61.6	3.3	34.1	14.3	2.7	116.0
총계		개수	112	6	62	26	5	211
		기대개수	112.0	6.0	62.0	26.0	5.0	211.0

카이제곱 검정

	값	df	점근 유의수준(양면)
Pearson 카이제곱	15.816a	4	.003
우도비	16.247	4	.003
선형 대 선형 연결	2.227	1	.136
유효 케이스 N	211		

a. 4 셀(40.0%)에 5 미만의 개수가 있어야 합니다. 예상되는 최소 개수는 2.25입니다.

피어슨(Pearson)의 카이제곱 값은 15.816이고, 자유도가 4일 때 유의확률 $p = 0.003$으로 유의수준 5%에서 유의하다. 따라서 두 변수(성별과 외모의 정의)가 상호 독립적이라는 귀무가설을 기각하게 된다. 즉, '성별'과 '외모의 정의' 사이에는 연관성이 있다고 할 수 있다.

대칭적 측도			
		값	근사 유의수준
명목 대 명목	파이	.274	.003
	Cramer의 V	.274	.003
	분할계수	.264	.003
유효 케이스 N		211	

분할계수는 효과 크기를 나타내는 한 가지 지표로서 두 변수의 관계의 크기를 나타내며 0과 1 사이의 값을 지닌다. 마찬가지로 Cramer의 V 또한 효과 크기를 나타내는 지표이며 0과 1 사이의 값을 지닌다. 이때 1에 가까울수록 관계가 크다고 할 수 있다. 위의 결과에서 분할계수는 0.264이며 Cramer의 V는 0.277의 값을 가진다. 따라서 '성별'과 '외모의 정의' 사이에는 연관성이 있다고 할 수 있다. 일반적으로 카이제곱 검정 결과에서 유의미한 결과를 얻었다면 추가적으로 분할계수나 Cramer의 V 계수를 이용하여 연관성의 크기 정도를 확인할 수 있다.

11.4 짝지은 모집단의 비율에 관한 차이 검정: McNemar 검정

앞서 카이제곱에 대해서 언급하였는데 이는 모집단이 서로 독립된 상황 하에서 얻어진 값들을 가지고 검정하였다. 그러나, 종종 양적인 경우에서와 같이 질적인 변수의 경우에도 서로 짝지어진 자료를 얻을 수 있다. 그러므로, 짝지어진 자료가 서로 차이가 있는지를 검정할 필요가 있다.

예제 11.1 3번째 문제에서 P는 노트북을 소유하지 않은 사람이 6개월 이내에 노트북을 사겠다는 사람의 비율과 실제로 6개월 후 노트북을 산 사람의 비율에 차이가 있는지를 알고 싶다. 이는 같은 사람을 두 번 반복하여 자료가 얻어지기 때문에 앞 절에서 사용한 카이제곱 검정은 이용할 수 없게 된다. 그런 경우에 두 비율은 서로 연관되어 있어 McNemar가 개발한 McNemar 검정법을 이용하게 된다.

두 비율의 차이를 검정하는 양측검정 방법과 한쪽 비율이 다른 한쪽보다 큰 단측검정을 고려해 보자. 따라서, 2×2 분할표를 고려해 보자. 표본 비율은 다음과 같다.

[표 11.6] McNemar 검정을 위한 2×2 분할표

변수 1 \ 변수 2	예	아니오	합 계
예	A	B	A+B
아니오	C	D	C+D
합 계	A+C	B+D	n

여기서,

A는 변수 1과 변수 2에서 '예'라 대답한 반응자의 수
B는 변수 1은 '예'라 대답하고 변수 2는 '아니오'라 대답한 반응자의 수
C는 변수 1은 '아니오'라고 대답하고 변수 2는 '예'라고 대답한 반응자의 수
D는 변수 1과 변수 2에 모두 '아니오'라고 대답한 반응자의 수

n는 표본의 반응자의 총수(표본의 크기)

$$P_{S_1} = \frac{A+B}{n}\text{: 변수 1에서 '예'라고 대답한 반응자의 비율}$$

$$P_{S_2} = \frac{A+C}{n}\text{: 변수 2에서 '예'라고 대답한 반응자의 비율}$$

만일, $\frac{A+B}{n} = \frac{A+C}{n}$이면 $P_{S_1} = P_{S_2}$이다. 따라서, B=C이면 $P_{S_1} = P_{S_2}$이다. 그러나, $B=C$가 $B-C=0$을 의미하므로 이것이 McNemar 결과의 기초이다.

McNemar 검정의 검정통계량은

$$Z = \frac{B-C}{\sqrt{B+C}} \tag{11.3}$$

이다.

만일, 비율이 같으면 B-C는 작을 것이고 Z도 작을 것이다. 만일, 비율이 크게 차이나면 B-C는 클 것이고 Z도 커질 것이다. 노트북을 사겠다는 의도를 가진 사람과 6개월 후에 노트북을 산 사람과의 자료는 [표 11.7]과 같다.

[표 11.7] McNemar 검정을 위한 2×2 분할표

노트북 구입 의도가 있나요? \ 실제 구입하였나요?	예	아니오	합 계
예	91	25	116
아니오	32	64	96
합 계	123	89	212

P는 노트북을 사려고 의도한 사람들의 비율과 실제로 산 사람의 비율 간의 차이가 있는지를 알기를 원한다. 귀무가설과 대립가설은 다음과 같이 설정할 수 있다.

$$H_0 : P_1 = P_2 \quad \text{vs} \quad H_1 : P_1 \neq P_2$$

검정통계량은 표준정규분포로부터 기각값을 구할 수 있다. 만일, 검정이 유의수준 0.05에서 구해진다면 기각값은 -1.96과 $+1.96$이다. 따라서, 결정방법은 다음과 같다.

$Z > 1.96$ 또는 $Z < -1.96$이면 H_0을 기각한다. 그렇지 않으면 H_0을 기각하지 않는다.

자료를 이용하여

$$A = 91 \qquad B = 25 \qquad C = 32 \qquad D = 64$$

$$P_{S_1} = \frac{91+25}{212} = .5472, \ P_{S_2} = \frac{91+32}{212} = .5801$$

이며, 식 (11.3)을 이용해서

$$Z = \frac{25-32}{\sqrt{25+32}} = \frac{-7}{\sqrt{57}} = \frac{-7}{7.5498} = -.927$$

이다. 따라서 $-1.96 < -.927 < 1.96$이므로 H_0를 기각하지 않는다.

P는 노트북을 사려고 하는 의도를 가진 사람 비율과 6개월 후에 노트북을 산 사람과의 비율의 차이가 없다는 결론을 내린다. 이 들 빈도는 지금까지 해온 독립성 검정과 계산이 다르지만 McNemar 검정은 카이제곱 검정과 같다.

만일, 위의 B와 C 이 두 셀을 고려한다면 비율의 동등성 검정은 B=C인 검정과 같다. 이것을 이용하여 귀무가설에서 각 셀에 (B+C)/2와 같은 이들 셀의 기댓값은 계산할 수가 있다. 이런 기댓값을 사용하여 계산된 카이제곱 통계량은 McNemar 검정에 의해 계산된 값의 제곱이다. [표 11.7]에서 기댓값은 (32+25)/2=28.5이다. 그러므로, 카이제곱 값은 다음과 같다.

$$\chi^2 = \frac{(32-28.5)^2}{28.5} + \frac{(25-28.5)^2}{28.5} = \frac{(3.5)^2}{28.5} + \frac{(-3.5)^2}{28.5} = .8596$$

McNemar에 대한 통계량은 $-.927$과 $(-.927)^2 = .859$이다. 후자는 카이제곱의 통계량과 같다. 표준정규분포의 제곱은 자유도 1인 카이제곱 변수와 같기 때문에 검정은 양측검정의 결과와 같다.

SAS 프로그램

```
data note book_purpo;
input purpo $ pucha $ count @@;
cards ;
yes yes 91
yes  no 25
no yes 32
no no  64
;
proc freq;
exact mcnem;
table purpo* pucha/expected chisq norow nopercent;
weight count;
title 'note book purpo' ;
run ;
```

SAS 결과

purpo * pucha 테이블에 대한 통계량

통계량	자유도	값	Prob
카이제곱	1	43.8946	<.0001
우도비 카이제곱	1	45.2945	<.0001
연속성 수정 카이제곱	1	42.0619	<.0001
Mantel-Haenszel 카이제곱	1	43.6875	<.0001
파이 계수		0.4550	
우발성 계수		0.4142	
크래머의 V		0.4550	

Fisher의 정확 검정	
(1,1) 셀 빈도(F)	64
하단측 p값 Pr <= F	1.0000
상단측 p값 Pr >= F	<.0001
테이블 확률 (P)	<.0001
양측 p값 Pr <= P	<.0001

McNemar 검정	
통계량(S)	0.8596
자유도	1
점근적인 Pr > S	0.3538
정확한 Pr >= S	0.4270

PART

12

상관분석

STATISTICAL ANALYSIS

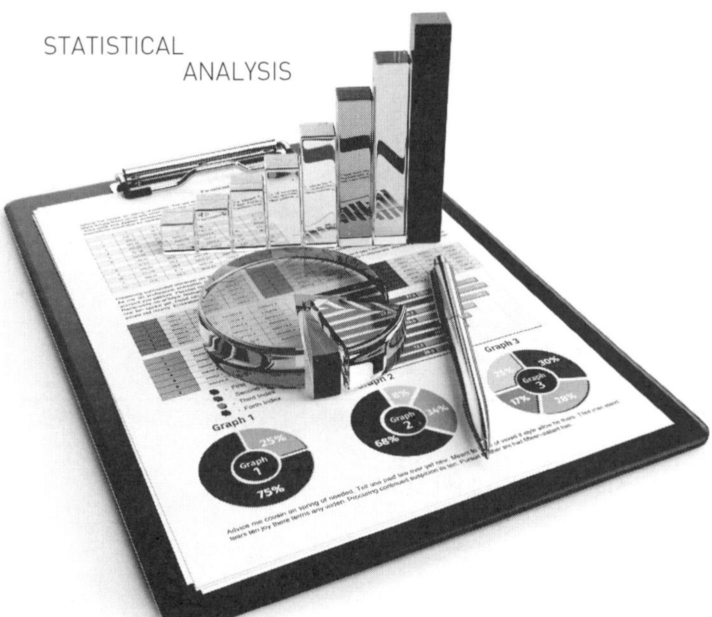

연속형 변수로 측정이 된 자료들 간에 선형관계가 있는지를 보는 것이 **상관분석**이다. 예를 들어, 일반적인 예에서 광고비의 지출이 많으면 많을수록 보편적으로 매출액은 증가할 것이고, 또한 물건이 많이 팔린다는 소리는 판매원이 많다는 소리인데 판매원의 인원수가 많으면 많을수록 시장점유율은 증가할 것이다. 또한 소비자의 가격에 대한 인식과 품질 인식 사이에는 어떤 관계가 있을 것이다. 이와 같이 두 변수 간에 어떤 연관 관계가 존재할 때 이러한 관계가 선형(linear) 관계이면 상관관계가 있다고 하고 그 크기를 측정할 경우 그 정도를 **상관계수**라 한다.

상관계수를 구하는 방식을 모집단의 경우 상관관계와 표본에 따른 상관관계를 구분해서 언급하면 다음과 같다.

① 모집단 상관계수

$$\rho = \frac{\sigma_{xy}}{\sqrt{\sigma_x^2}\sqrt{\sigma_y^2}} = \frac{\sigma_{xy}}{\sigma_x \sigma_y}, \quad -1 \le \rho \le 1$$

② 표본 상관계수

$$r = \frac{s_{xy}}{\sqrt{s_x^2}\sqrt{s_y^2}} = \frac{s_{xy}}{s_x s_y}, \quad -1 \le r \le 1$$

③ 표본 편(부분) 상관계수

$$r_{12,3} = \frac{r_{12} - r_{13}r_{23}}{\sqrt{1-r_{12}^2}\sqrt{1-r_{23}^2}}$$

여기서 $r_{12,3}$은 x_3을 통제한 상태에서 x_1과 x_2의 부분적인 상관계수를 나타낸다.

12.1 상관계수의 종류

보편적으로 상관관계를 세 가지 종류로 구분한다.

① 단순상관계수(simple correlation coefficient): 두 변수 간의 단순상관관계

$$X \leftrightarrow Y$$

② 다중상관관계(multiple correlation): 하나의 변수와 두 변수 이상의 변수 간의 상관관계

$$Y \begin{array}{l} \nearrow\!\!\!\swarrow\ X_1 \\ \nwarrow\!\!\!\searrow\ X_2 \end{array}$$

③ 편상관관계(partial correlation): 다른 변수들의 상관관계를 통제하고 (다른 변수들과 같이 변화하는 부분을 제외하고) 순수한 두 변수 간의 상관관계

$$\begin{array}{ccc} X & \leftrightarrow & Y \\ & \uparrow & \\ & X_2 & \end{array}$$

12.2 상관계수의 해석

상관계수는 일차적으로 두 변수의 관계가 얼마나 강한지를 나타내는 지수이면서 두 변수 사이의 어느 방향으로 강한가를 보는 지수라 할 수 있다. 다음과 같은 과정으로 상관계수를 구한다.

1) 산포도, 그림을 그려봄으로써 두 변수 사이의 개략적인 관계를 파악한다.
2) 공식을 이용하여 상관계수를 구하고 해석을 내린다.

1.0~0.7(−1.0~−0.7)의 경우: 매우 강한 연관성

0.7~0.5(−0.7~−0.5)의 경우: 상당한 연관성

0.5~0.2(−0.4~−0.2)의 경우: 약간의 연관성

0.2~0.0(−0.2~−0.0)의 경우: 연관성이 없음

12.3 상관계수의 가설검정

두 변수 사이의 선형관계가 통계적으로 유의한지 여부를 검정하여야 한다. 모집단은 알 수 없으므로, 표본상관계수 r값에 근거하여, 모집단의 상관관계 ρ(rho)에 대한 가설을 검정한다. 이 가설을 검정하기 위해서는 두 변수 모두 정규분포를 따르는 분포로부터 확률표본이 추출되었다는 기본가정이 있어야 한다. 검정 절차는 다음과 같다.

가설 설정

H_0 : $\rho = 0$ (두 변수 간에 상관관계가 없다.)

H_1 : $\rho \neq 0$ (두 변수 간에 상관관계가 있다.)

12.4 상관분석의 실행

상관관계가 인과관계와는 다르다. 즉, 상관분석은 종속변수와 독립변수로 지정되어 있는 인과관계가 아니라, 동일한 변수로서 변수들 상호 간 변화의 방향과 정도를 파악하고자 하는 것이다.

SPSS 예제-설문지

키, 몸무게, 외모점수의 상관관계를 실행한다.

SPSS 프로그램 **분석(A) ⇒ 상관분석(C) ⇒ 이변량상관계수(B)**

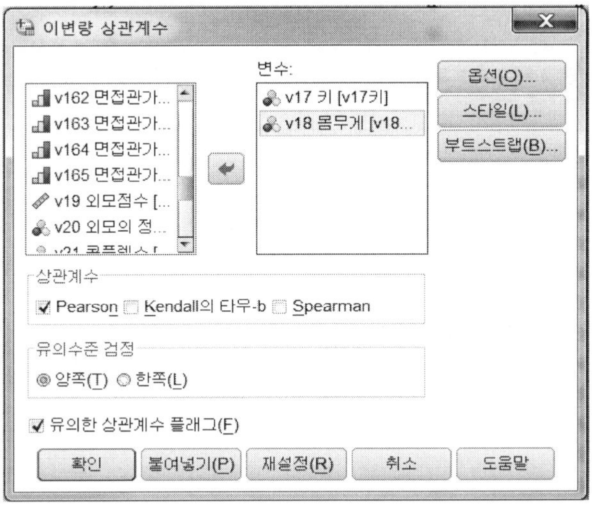

상관				
		v17 키	v18 몸무게	v19 외모점수
v17 키	Pearson 상관계수	1	.740**	.108
	유의수준(양쪽)		.000	.121
	N	208	196	208
v18 몸무게	Pearson 상관계수	.740**	1	.022
	유의수준(양쪽)	.000		.755
	N	196	196	196
v19 외모점수	Pearson 상관계수	.108	.022	1
	유의수준(양쪽)	.121	.755	
	N	208	196	211

**. 상관이 0.01 수준에서 유의합니다(양쪽).

키와 몸무게는 통계적으로 매우 유의(**)하다. 따라서 서로 관계가 있음을 알 수 있다. 그렇지만 키와 몸무게와 외모점수 간에는 관계가 없음을 알 수 있다.

키워드	내용 설명
상관계수	3가지 종류
- Pearson	상관계수 값의 범위는 -1부터 +1까지(계수의 부호는 방향을 가리키고 절댓값은 강도)
- Kendall의 타우-b	켄달 상관계수
- Spearman	스피어만 상관계수

12.5 편상관분석

편상관분석(Partial Correlation)은 두 변수에 영향을 미치는 제3의 변수를 통제한 상태에서 두 변수의 상관관계를 말한다. 외모점수 변수를 통제한 상태에서 키와 몸무게 사이의 관계를 파악하려 한다.

SPSS 프로그램

이를 위해 다음과 같이 실행한다.

☞ 분석(A) ⇒ 상관분석(C) ⇒ 편상관계수(R)

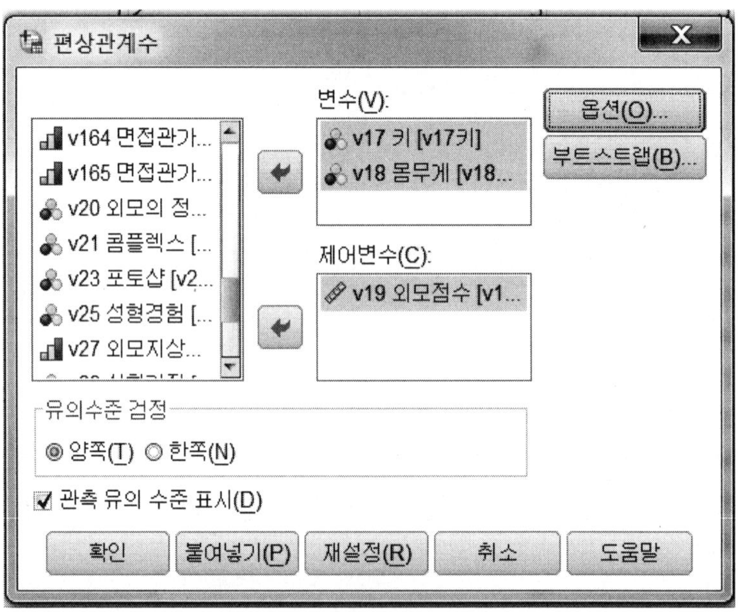

SPSS 결과

상관				
제어변수			v17 키	v18 몸무게
v19 외모점수	v17 키	상관	1.000	.744**
	v18 몸무게	상관	.744**	1.000

**. 상관이 0.01 수준에서 유의합니다.

외모점수를 통제한 상태에서 키와 몸무게는 서로 유의함을 알 수 있다. 이는 일반 상관계수의 결과와 별 차이가 없다.

부록

STATISTICAL
ANALYSIS

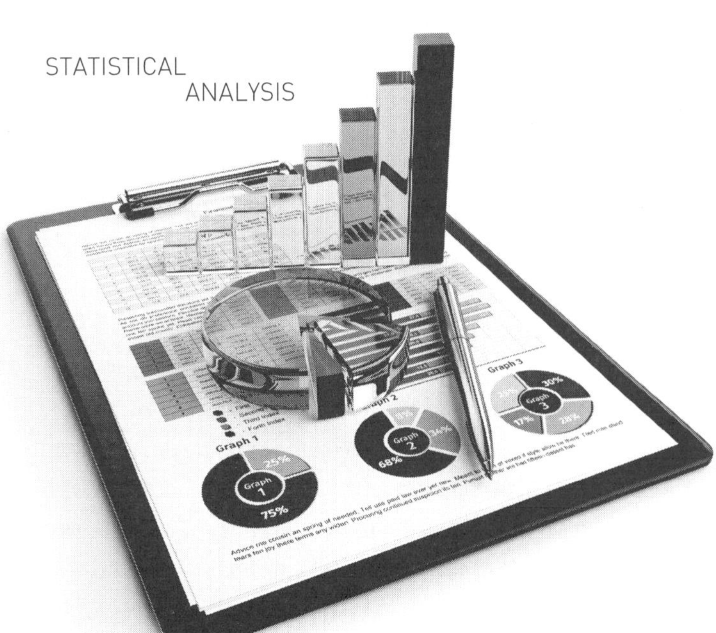

[부록 1] 정규분포표

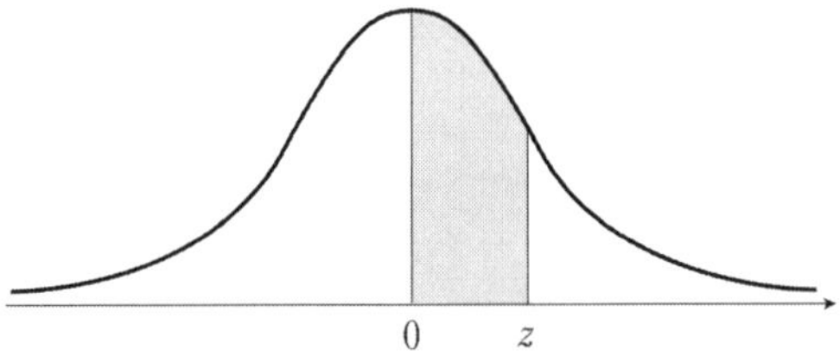

z	+0.00	+0.01	+0.02	+0.03	+0.04	+0.05	+0.06	+0.07	+0.08	+0.09
0.0	0.00000	0.00399	0.00798	0.01197	0.01595	0.01994	0.02392	0.02790	0.03188	0.03586
0.1	0.03980	0.04380	0.04776	0.05172	0.05567	0.05966	0.06360	0.06749	0.07142	0.07535
0.2	0.07930	0.08317	0.08706	0.09095	0.09483	0.09871	0.10257	0.10642	0.11026	0.11409
0.3	0.11791	0.12172	0.12552	0.12930	0.13307	0.13683	0.14058	0.14431	0.14803	0.15173
0.4	0.15542	0.15910	0.16276	0.16640	0.17003	0.17364	0.17724	0.18082	0.18439	0.18793
0.5	0.19146	0.19497	0.19847	0.20194	0.20540	0.20884	0.21226	0.21566	0.21904	0.22240
0.6	0.22575	0.22907	0.23237	0.23565	0.23891	0.24215	0.24537	0.24857	0.25175	0.25490
0.7	0.25804	0.26115	0.26424	0.26730	0.27035	0.27337	0.27637	0.27935	0.28230	0.28524
0.8	0.28814	0.29103	0.29389	0.29673	0.29955	0.30234	0.30511	0.30785	0.31057	0.31327
0.9	0.31594	0.31859	0.32121	0.32381	0.32639	0.32894	0.33147	0.33398	0.33646	0.33891
1.0	0.34134	0.34375	0.34614	0.34849	0.35083	0.35314	0.35543	0.35769	0.35993	0.36214
1.1	0.36433	0.36650	0.36864	0.37076	0.37286	0.37493	0.37698	0.37900	0.38100	0.38298
1.2	0.38493	0.38686	0.38877	0.39065	0.39251	0.39435	0.39617	0.39796	0.39973	0.40147
1.3	0.40320	0.40490	0.40658	0.40824	0.40988	0.41149	0.41308	0.41466	0.41621	0.41774
1.4	0.41924	0.42073	0.42220	0.42364	0.42507	0.42647	0.42785	0.42922	0.43056	0.43189
1.5	0.43319	0.43448	0.43574	0.43699	0.43822	0.43943	0.44062	0.44179	0.44295	0.44408
1.6	0.44520	0.44630	0.44738	0.44845	0.44950	0.45053	0.45154	0.45254	0.45352	0.45449
1.7	0.45543	0.45637	0.45728	0.45818	0.45907	0.45994	0.46080	0.46164	0.46246	0.46327
1.8	0.46407	0.46485	0.46562	0.46638	0.46712	0.46784	0.46856	0.46926	0.46995	0.47062
1.9	0.47128	0.47193	0.47257	0.47320	0.47381	0.47441	0.47500	0.47558	0.47615	0.47670
2.0	0.47725	0.47778	0.47831	0.47882	0.47932	0.47982	0.48030	0.48077	0.48124	0.48169
2.1	0.48214	0.48257	0.48300	0.48341	0.48382	0.48422	0.48461	0.48500	0.48537	0.48574
2.2	0.48610	0.48645	0.48679	0.48713	0.48745	0.48778	0.48809	0.48840	0.48870	0.48899
2.3	0.48928	0.48956	0.48983	0.49010	0.49036	0.49061	0.49086	0.49111	0.49134	0.49158
2.4	0.49180	0.49202	0.49224	0.49245	0.49266	0.49286	0.49305	0.49324	0.49343	0.49361
2.5	0.49379	0.49396	0.49413	0.49430	0.49446	0.49461	0.49477	0.49492	0.49506	0.49520
2.6	0.49534	0.49547	0.49560	0.49573	0.49585	0.49598	0.49609	0.49621	0.49632	0.49643
2.7	0.49653	0.49664	0.49674	0.49683	0.49693	0.49702	0.49711	0.49720	0.49728	0.49736
2.8	0.49744	0.49752	0.49760	0.49767	0.49774	0.49781	0.49788	0.49795	0.49801	0.49807
2.9	0.49813	0.49819	0.49825	0.49831	0.49836	0.49841	0.49846	0.49851	0.49856	0.49861
3.0	0.49865	0.49869	0.49874	0.49878	0.49882	0.49886	0.49889	0.49893	0.49896	0.4

[부록 2] t 분포: t의 기각값

one-tail	0.50	0.25	0.20	0.15	0.10	0.05	0.025	0.01	0.005	0.001	0.0005
two-tails	1.00	0.50	0.40	0.30	0.20	0.10	0.05	0.02	0.01	0.002	0.001
1	0.000	1.000	1.376	1.963	3.078	6.314	12.71	31.82	63.66	318.31	636.62
2	0.000	0.816	1.061	1.386	1.886	2.920	4.303	6.965	9.925	22.327	31.599
3	0.000	0.765	0.978	1.250	1.638	2.353	3.182	4.541	5.841	10.215	12.924
4	0.000	0.741	0.941	1.190	1.533	2.132	2.776	3.747	4.604	7.173	8.610
5	0.000	0.727	0.920	1.156	1.476	2.015	2.571	3.365	4.032	5.893	6.869
6	0.000	0.718	0.906	1.134	1.440	1.943	2.447	3.143	3.707	5.208	5.959
7	0.000	0.711	0.896	1.119	1.415	1.895	2.365	2.998	3.499	4.785	5.408
8	0.000	0.706	0.889	1.108	1.397	1.860	2.306	2.896	3.355	4.501	5.041
9	0.000	0.703	0.883	1.100	1.383	1.833	2.262	2.821	3.250	4.297	4.781
10	0.000	0.700	0.879	1.093	1.372	1.812	2.228	2.764	3.169	4.144	4.587
11	0.000	0.697	0.876	1.088	1.363	1.796	2.201	2.718	3.106	4.025	4.437
12	0.000	0.695	0.873	1.083	1.356	1.782	2.179	2.681	3.055	3.930	4.318
13	0.000	0.694	0.870	1.079	1.350	1.771	2.160	2.650	3.012	3.852	4.221
14	0.000	0.692	0.868	1.076	1.345	1.761	2.145	2.624	2.977	3.787	4.140
15	0.000	0.691	0.866	1.074	1.341	1.753	2.131	2.602	2.947	3.733	4.073
16	0.000	0.690	0.865	1.071	1.337	1.746	2.120	2.583	2.921	3.686	4.015
17	0.000	0.689	0.863	1.069	1.333	1.740	2.110	2.567	2.898	3.646	3.965
18	0.000	0.688	0.862	1.067	1.330	1.734	2.101	2.552	2.878	3.610	3.922
19	0.000	0.688	0.861	1.066	1.328	1.729	2.093	2.539	2.861	3.579	3.883
20	0.000	0.687	0.860	1.064	1.325	1.725	2.086	2.528	2.845	3.552	3.850
21	0.000	0.686	0.859	1.063	1.323	1.721	2.080	2.518	2.831	3.527	3.819
22	0.000	0.686	0.858	1.061	1.321	1.717	2.074	2.508	2.819	3.505	3.792
23	0.000	0.685	0.858	1.060	1.319	1.714	2.069	2.500	2.807	3.485	3.768
24	0.000	0.685	0.857	1.059	1.318	1.711	2.064	2.492	2.797	3.467	3.745
25	0.000	0.684	0.856	1.058	1.316	1.708	2.060	2.485	2.787	3.450	3.725
26	0.000	0.684	0.856	1.058	1.315	1.706	2.056	2.479	2.779	3.435	3.707
27	0.000	0.684	0.855	1.057	1.314	1.703	2.052	2.473	2.771	3.421	3.690
28	0.000	0.683	0.855	1.056	1.313	1.701	2.048	2.467	2.763	3.408	3.674
29	0.000	0.683	0.854	1.055	1.311	1.699	2.045	2.462	2.756	3.396	3.659
30	0.000	0.683	0.854	1.055	1.310	1.697	2.042	2.457	2.750	3.385	3.646
40	0.000	0.681	0.851	1.050	1.303	1.684	2.021	2.423	2.704	3.307	3.551
60	0.000	0.679	0.848	1.045	1.296	1.671	2.000	2.390	2.660	3.232	3.460
80	0.000	0.678	0.846	1.043	1.292	1.664	1.990	2.374	2.639	3.195	3.416
100	0.000	0.677	0.845	1.042	1.290	1.660	1.984	2.364	2.626	3.174	3.390
1000	0.000	0.675	0.842	1.037	1.282	1.646	1.962	2.330	2.581	3.098	3.300
z	0.000	0.674	0.842	1.036	1.282	1.645	1.960	2.326	2.576	3.090	3.291

[부록 3] – 유의수준 5%인 경우만: F분포: F의 기각값

v2 \ v1	1	2	3	4	5	6	7	8	9	10	12	14	16
1	161.45	199.50	215.71	224.58	230.16	233.99	236.77	238.88	240.54	241.88	243.91	245.36	246.46
2	18.51	19.00	19.16	19.25	19.30	19.33	19.35	19.37	19.38	19.40	19.41	19.42	19.43
3	10.13	9.55	9.28	9.12	9.01	8.94	8.89	8.85	8.81	8.79	8.74	8.71	8.69
4	7.71	6.94	6.59	6.39	6.26	6.16	6.09	6.04	6.00	5.96	5.91	5.87	5.84
5	6.61	5.79	5.41	5.19	5.05	4.95	4.88	4.82	4.77	4.74	4.68	4.64	4.60
6	5.99	5.14	4.76	4.53	4.39	4.28	4.21	4.15	4.10	4.06	4.00	3.96	3.92
7	5.59	4.74	4.35	4.12	3.97	3.87	3.79	3.73	3.68	3.64	3.57	3.53	3.49
8	5.32	4.46	4.07	3.84	3.69	3.58	3.50	3.44	3.39	3.35	3.28	3.24	3.20
9	5.12	4.26	3.86	3.63	3.48	3.37	3.29	3.23	3.18	3.14	3.07	3.03	2.99
10	4.96	4.10	3.71	3.48	3.33	3.22	3.14	3.07	3.02	2.98	2.91	2.86	2.83
11	4.84	3.98	3.59	3.36	3.20	3.09	3.01	2.95	2.90	2.85	2.79	2.74	2.70
12	4.75	3.89	3.49	3.26	3.11	3.00	2.91	2.85	2.80	2.75	2.69	2.64	2.60
13	4.67	3.81	3.41	3.18	3.03	2.92	2.83	2.77	2.71	2.67	2.60	2.55	2.51
14	4.60	3.74	3.34	3.11	2.96	2.85	2.76	2.70	2.65	2.60	2.53	2.48	2.44
15	4.54	3.68	3.29	3.06	2.90	2.79	2.71	2.64	2.59	2.54	2.48	2.42	2.38
16	4.49	3.63	3.24	3.01	2.85	2.74	2.66	2.59	2.54	2.49	2.42	2.37	2.33
17	4.45	3.59	3.20	2.96	2.81	2.70	2.61	2.55	2.49	2.45	2.38	2.33	2.29
18	4.41	3.55	3.16	2.93	2.77	2.66	2.58	2.51	2.46	2.41	2.34	2.29	2.25
19	4.38	3.52	3.13	2.90	2.74	2.63	2.54	2.48	2.42	2.38	2.31	2.26	2.21
20	4.35	3.49	3.10	2.87	2.71	2.60	2.51	2.45	2.39	2.35	2.28	2.22	2.18
21	4.32	3.47	3.07	2.84	2.68	2.57	2.49	2.42	2.37	2.32	2.25	2.20	2.16
22	4.30	3.44	3.05	2.82	2.66	2.55	2.46	2.40	2.34	2.30	2.23	2.17	2.13
23	4.28	3.42	3.03	2.80	2.64	2.53	2.44	2.37	2.32	2.27	2.20	2.15	2.11
24	4.26	3.40	3.01	2.78	2.62	2.51	2.42	2.36	2.30	2.25	2.18	2.13	2.09
25	4.24	3.39	2.99	2.76	2.60	2.49	2.40	2.34	2.28	2.24	2.16	2.11	2.07
26	4.22	3.37	2.98	2.74	2.59	2.47	2.39	2.32	2.27	2.22	2.15	2.09	2.05
27	4.21	3.35	2.96	2.73	2.57	2.46	2.37	2.31	2.25	2.20	2.13	2.08	2.04
28	4.20	3.34	2.95	2.71	2.56	2.45	2.36	2.29	2.24	2.19	2.12	2.06	2.02
29	4.18	3.33	2.93	2.70	2.55	2.43	2.35	2.28	2.22	2.18	2.10	2.05	2.01
30	4.17	3.32	2.92	2.69	2.53	2.42	2.33	2.27	2.21	2.16	2.09	2.04	1.99
35	4.12	3.27	2.87	2.64	2.49	2.37	2.29	2.22	2.16	2.11	2.04	1.99	1.94
40	4.08	3.23	2.84	2.61	2.45	2.34	2.25	2.18	2.12	2.08	2.00	1.95	1.90
50	4.03	3.18	2.79	2.56	2.40	2.29	2.20	2.13	2.07	2.03	1.95	1.89	1.85
60	4.00	3.15	2.76	2.53	2.37	2.25	2.17	2.10	2.04	1.99	1.92	1.86	1.82
70	3.98	3.13	2.74	2.50	2.35	2.23	2.14	2.07	2.02	1.97	1.89	1.84	1.79
80	3.96	3.11	2.72	2.49	2.33	2.21	2.13	2.06	2.00	1.95	1.88	1.82	1.77
90	3.95	3.10	2.71	2.47	2.32	2.20	2.11	2.04	1.99	1.94	1.86	1.80	1.76
100	3.94	3.09	2.70	2.46	2.31	2.19	2.10	2.03	1.97	1.93	1.85	1.79	1.75
120	3.92	3.07	2.68	2.45	2.29	2.18	2.09	2.02	1.96	1.91	1.83	1.78	1.73
150	3.90	3.06	2.66	2.43	2.27	2.16	2.07	2.00	1.94	1.89	1.82	1.76	1.71
200	3.89	3.04	2.65	2.42	2.26	2.14	2.06	1.98	1.93	1.88	1.80	1.74	1.69
250	3.88	3.03	2.64	2.41	2.25	2.13	2.05	1.98	1.92	1.87	1.79	1.73	1.68
300	3.87	3.03	2.63	2.40	2.24	2.13	2.04	1.97	1.91	1.86	1.78	1.72	1.68
400	3.86	3.02	2.63	2.39	2.24	2.12	2.03	1.96	1.90	1.85	1.78	1.72	1.67
500	3.86	3.01	2.62	2.39	2.23	2.12	2.03	1.96	1.90	1.85	1.77	1.71	1.66
600	3.86	3.01	2.62	2.39	2.23	2.11	2.02	1.95	1.90	1.85	1.77	1.71	1.66
750	3.85	3.01	2.62	2.38	2.23	2.11	2.02	1.95	1.89	1.84	1.77	1.70	1.66
1000	3.85	3.00	2.61	2.38	2.22	2.11	2.02	1.95	1.89	1.84	1.76	1.70	1.65

[부록 3] - 유의수준 5%인 경우만[계속]: *F*분포: *F*의 기각값

v2 \ v1	18	20	25	30	35	40	50	60	75	100	150	200
1	247.32	248.01	249.26	250.10	250.69	251.14	251.77	252.20	252.62	253.04	253.46	253.68
2	19.44	19.45	19.46	19.46	19.47	19.47	19.48	19.48	19.48	19.49	19.49	19.49
3	8.67	8.66	8.63	8.62	8.60	8.59	8.58	8.57	8.56	8.55	8.54	8.54
4	5.82	5.80	5.77	5.75	5.73	5.72	5.70	5.69	5.68	5.66	5.65	5.65
5	4.58	4.56	4.52	4.50	4.48	4.46	4.44	4.43	4.42	4.41	4.39	4.39
6	3.90	3.87	3.83	3.81	3.79	3.77	3.75	3.74	3.73	3.71	3.70	3.69
7	3.47	3.44	3.40	3.38	3.36	3.34	3.32	3.30	3.29	3.27	3.26	3.25
8	3.17	3.15	3.11	3.08	3.06	3.04	3.02	3.01	2.99	2.97	2.96	2.95
9	2.96	2.94	2.89	2.86	2.84	2.83	2.80	2.79	2.77	2.76	2.74	2.73
10	2.80	2.77	2.73	2.70	2.68	2.66	2.64	2.62	2.60	2.59	2.57	2.56
11	2.67	2.65	2.60	2.57	2.55	2.53	2.51	2.49	2.47	2.46	2.44	2.43
12	2.57	2.54	2.50	2.47	2.44	2.43	2.40	2.38	2.37	2.35	2.33	2.32
13	2.48	2.46	2.41	2.38	2.36	2.34	2.31	2.30	2.28	2.26	2.24	2.23
14	2.41	2.39	2.34	2.31	2.28	2.27	2.24	2.22	2.21	2.19	2.17	2.16
15	2.35	2.33	2.28	2.25	2.22	2.20	2.18	2.16	2.14	2.12	2.10	2.10
16	2.30	2.28	2.23	2.19	2.17	2.15	2.12	2.11	2.09	2.07	2.05	2.04
17	2.26	2.23	2.18	2.15	2.12	2.10	2.08	2.06	2.04	2.02	2.00	1.99
18	2.22	2.19	2.14	2.11	2.08	2.06	2.04	2.02	2.00	1.98	1.96	1.95
19	2.18	2.16	2.11	2.07	2.05	2.03	2.00	1.98	1.96	1.94	1.92	1.91
20	2.15	2.12	2.07	2.04	2.01	1.99	1.97	1.95	1.93	1.91	1.89	1.88
21	2.12	2.10	2.05	2.01	1.98	1.96	1.94	1.92	1.90	1.88	1.86	1.84
22	2.10	2.07	2.02	1.98	1.96	1.94	1.91	1.89	1.87	1.85	1.83	1.82
23	2.08	2.05	2.00	1.96	1.93	1.91	1.88	1.86	1.84	1.82	1.80	1.79
24	2.05	2.03	1.97	1.94	1.91	1.89	1.86	1.84	1.82	1.80	1.78	1.77
25	2.04	2.01	1.96	1.92	1.89	1.87	1.84	1.82	1.80	1.78	1.76	1.75
26	2.02	1.99	1.94	1.90	1.87	1.85	1.82	1.80	1.78	1.76	1.74	1.73
27	2.00	1.97	1.92	1.88	1.86	1.84	1.81	1.79	1.76	1.74	1.72	1.71
28	1.99	1.96	1.91	1.87	1.84	1.82	1.79	1.77	1.75	1.73	1.70	1.69
29	1.97	1.94	1.89	1.85	1.83	1.81	1.77	1.75	1.73	1.71	1.69	1.67
30	1.96	1.93	1.88	1.84	1.81	1.79	1.76	1.74	1.72	1.70	1.67	1.66
35	1.91	1.88	1.82	1.79	1.76	1.74	1.70	1.68	1.66	1.63	1.61	1.60
40	1.87	1.84	1.78	1.74	1.72	1.69	1.66	1.64	1.61	1.59	1.56	1.55
50	1.81	1.78	1.73	1.69	1.66	1.63	1.60	1.58	1.55	1.52	1.50	1.48
60	1.78	1.75	1.69	1.65	1.62	1.59	1.56	1.53	1.51	1.48	1.45	1.44
70	1.75	1.72	1.66	1.62	1.59	1.57	1.53	1.50	1.48	1.45	1.42	1.40
80	1.73	1.70	1.64	1.60	1.57	1.54	1.51	1.48	1.45	1.43	1.39	1.38
90	1.72	1.69	1.63	1.59	1.55	1.53	1.49	1.46	1.44	1.41	1.38	1.36
100	1.71	1.68	1.62	1.57	1.54	1.52	1.48	1.45	1.42	1.39	1.36	1.34
120	1.69	1.66	1.60	1.55	1.52	1.50	1.46	1.43	1.40	1.37	1.33	1.32
150	1.67	1.64	1.58	1.54	1.50	1.48	1.44	1.41	1.38	1.34	1.31	1.29
200	1.66	1.62	1.56	1.52	1.48	1.46	1.41	1.39	1.35	1.32	1.28	1.26
250	1.65	1.61	1.55	1.50	1.47	1.44	1.40	1.37	1.34	1.31	1.27	1.25
300	1.64	1.61	1.54	1.50	1.46	1.43	1.39	1.36	1.33	1.30	1.26	1.23
400	1.63	1.60	1.53	1.49	1.45	1.42	1.38	1.35	1.32	1.28	1.24	1.22
500	1.62	1.59	1.53	1.48	1.45	1.42	1.38	1.35	1.31	1.28	1.23	1.21
600	1.62	1.59	1.52	1.48	1.44	1.41	1.37	1.34	1.31	1.27	1.23	1.20
750	1.62	1.58	1.52	1.47	1.44	1.41	1.37	1.34	1.30	1.26	1.22	1.20
1000	1.61	1.58	1.52	1.47	1.43	1.41	1.36	1.33	1.30	1.26	1.22	1.19

[부록 4] χ^2분포

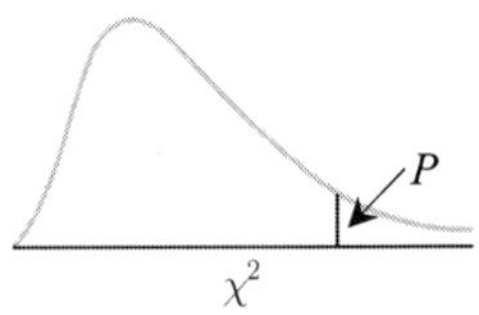

P	0.995	0.975	0.20	0.10	0.05	0.025	0.02	0.01	0.005	0.002	0.001
1	0.0000393	0.000982	1.642	2.706	3.841	5.024	5.412	6.635	7.879	9.550	10.828
2	0.0100	0.0506	3.219	4.605	5.991	7.378	7.824	9.210	10.597	12.429	13.816
3	0.0717	0.216	4.642	6.251	7.815	9.348	9.837	11.345	12.838	14.796	16.266
4	0.207	0.484	5.989	7.779	9.488	11.143	11.668	13.277	14.860	16.924	18.467
5	0.412	0.831	7.289	9.236	11.070	12.833	13.388	15.086	16.750	18.907	20.515
6	0.676	1.237	8.558	10.645	12.592	14.449	15.033	16.812	18.548	20.791	22.458
7	0.989	1.690	9.803	12.017	14.067	16.013	16.622	18.475	20.278	22.601	24.322
8	1.344	2.180	11.030	13.362	15.507	17.535	18.168	20.090	21.955	24.352	26.124
9	1.735	2.700	12.242	14.684	16.919	19.023	19.679	21.666	23.589	26.056	27.877
10	2.156	3.247	13.442	15.987	18.307	20.483	21.161	23.209	25.188	27.722	29.588
11	2.603	3.816	14.631	17.275	19.675	21.920	22.618	24.725	26.757	29.354	31.264
12	3.074	4.404	15.812	18.549	21.026	23.337	24.054	26.217	28.300	30.957	32.909
13	3.565	5.009	16.985	19.812	22.362	24.736	25.472	27.688	29.819	32.535	34.528
14	4.075	5.629	18.151	21.064	23.685	26.119	26.873	29.141	31.319	34.091	36.123
15	4.601	6.262	19.311	22.307	24.996	27.488	28.259	30.578	32.801	35.628	37.697
16	5.142	6.908	20.465	23.542	26.296	28.845	29.633	32.000	34.267	37.146	39.252
17	5.697	7.564	21.615	24.769	27.587	30.191	30.995	33.409	35.718	38.648	40.790
18	6.265	8.231	22.760	25.989	28.869	31.526	32.346	34.805	37.156	40.136	42.312
19	6.844	8.907	23.900	27.204	30.144	32.852	33.687	36.191	38.582	41.610	43.820
20	7.434	9.591	25.038	28.412	31.410	34.170	35.020	37.566	39.997	43.072	45.315
21	8.034	10.283	26.171	29.615	32.671	35.479	36.343	38.932	41.401	44.522	46.797
22	8.643	10.982	27.301	30.813	33.924	36.781	37.659	40.289	42.796	45.962	48.268
23	9.260	11.689	28.429	32.007	35.172	38.076	38.968	41.638	44.181	47.391	49.728
24	9.886	12.401	29.553	33.196	36.415	39.364	40.270	42.980	45.559	48.812	51.179
25	10.520	13.120	30.675	34.382	37.652	40.646	41.566	44.314	46.928	50.223	52.620
26	11.160	13.844	31.795	35.563	38.885	41.923	42.856	45.642	48.290	51.627	54.052
27	11.808	14.573	32.912	36.741	40.113	43.195	44.140	46.963	49.645	53.023	55.476
28	12.461	15.308	34.027	37.916	41.337	44.461	45.419	48.278	50.993	54.411	56.892
29	13.121	16.047	35.139	39.087	42.557	45.722	46.693	49.588	52.336	55.792	58.301
30	13.787	16.791	36.250	40.256	43.773	46.979	47.962	50.892	53.672	57.167	59.703
31	14.458	17.539	37.359	41.422	44.985	48.232	49.226	52.191	55.003	58.536	61.098
32	15.134	18.291	38.466	42.585	46.194	49.480	50.487	53.486	56.328	59.899	62.487
33	15.815	19.047	39.572	43.745	47.400	50.725	51.743	54.776	57.648	61.256	63.870
34	16.501	19.806	40.676	44.903	48.602	51.966	52.995	56.061	58.964	62.608	65.247
35	17.192	20.569	41.778	46.059	49.802	53.203	54.244	57.342	60.275	63.955	66.619
36	17.887	21.336	42.879	47.212	50.998	54.437	55.489	58.619	61.581	65.296	67.985
37	18.586	22.106	43.978	48.363	52.192	55.668	56.730	59.893	62.883	66.633	69.346
38	19.289	22.878	45.076	49.513	53.384	56.896	57.969	61.162	64.181	67.966	70.703
39	19.996	23.654	46.173	50.660	54.572	58.120	59.204	62.428	65.476	69.294	72.055
40	20.707	24.433	47.269	51.805	55.758	59.342	60.436	63.691	66.766	70.618	73.402
41	21.421	25.215	48.363	52.949	56.942	60.561	61.665	64.950	68.053	71.938	74.745
42	22.138	25.999	49.456	54.090	58.124	61.777	62.892	66.206	69.336	73.254	76.084
43	22.859	26.785	50.548	55.230	59.304	62.990	64.116	67.459	70.616	74.566	77.419
44	23.584	27.575	51.639	56.369	60.481	64.201	65.337	68.710	71.893	75.874	78.750
45	24.311	28.366	52.729	57.505	61.656	65.410	66.555	69.957	73.166	77.179	80.077
46	25.041	29.160	53.818	58.641	62.830	66.617	67.771	71.201	74.437	78.481	81.400
47	25.775	29.956	54.906	59.774	64.001	67.821	68.985	72.443	75.704	79.780	82.720
48	26.511	30.755	55.993	60.907	65.171	69.023	70.197	73.683	76.969	81.075	84.037
49	27.249	31.555	57.079	62.038	66.339	70.222	71.406	74.919	78.231	82.367	85.351
50	27.991	32.357	58.164	63.167	67.505	71.420	72.613	76.154	79.490	83.657	86.661

찾아보기

››› 기타

참고문헌

강미은(1997) *여론조사 뒤집기*, 개마고원, 서울

김호일(2014) *표본조사방법론*, 경문사, 서울

오인환(1992) *사회조사 방법론*, 나남, 서울

유영호(1994) *설문지 조사법*, 자유아카데미, 서울

조병희, 손애리, 이승원, 신주영, 구지애(2005) *에이즈에 대한 지식, 태도, 신념 및 행태조사*, 서울대학교 보건대학원

조병희(2006) *설문지 작성 기획 전반*, 2006년도 한국조사연구학회 워크샵자료집, 7-76.

한국통계학회(1991) *통계용어사전*, 자유아카데미, 서울

한국조사연구학회(2006) *워크샵자료집*, 한국조사연구학회, 서울

허명회(1998) *사회여론조사*, 자유아카데미, 서울

홍종선, 박옥희, 최창현(1996) *조사방법과 통계자료분석*, 박영사, 서울

Belson, W.A.(1981) *The design and understanding of survey questions*. Aldershot, Gower.

Cicourel, A. V.(1982) *Interviews, surveys,and the problem of ecological validity,* The American Sociologist, 17: 11-20.

Converse, J. M., & Presser, S.(1986) S*urvey Questions*: *Handcrafting the Standardised Questionnaire*. New Delhi, India: Sage Publications.

Don Dillman.(2000) *Mail and Internet Surveys*: *The Tailored Design* Method, Chapters 2 and 3.

Fowler, F. J.(1993) *Survey Reseach Methods, 2nd ed*, SAGE, Newburry Park.

Fowler, F. J. & T.W. Mangione(1990) S*tandardized Survey Interviewing. Minimizing Interviewer-Related Error*. Newbury Park, Sage.

Jamse, J. M and Bolstein, R.(1990) *The effect of monetary incentives and follow-up mailing on the response rate and reponse quality in mail surveys,* Public Opinion Quarterly, Vol. 54, 345-361

Jowell, B., Hedges, B., Lynn P., Farrant, G. & Heath, A.(1993) *The 1992 British*

Election: The failure of the polls, Public Opinion Quarterly, Vol. 57. 238-263.

LaPiere, R.T.(1934) *Attitudes vs. actions,* Social Forces, 13, 230-237.

Oppenheim, A. N.(1992) *Questionaire Design, Interviewing and Attitude Measurement*, Printer Publisher, London.

Payne S.(1951) *The Art of Asking Questions*, New Jersey: Princeton University.

Rea, L. M. & Parker, R. A.(1992) *Designing and Conducting Survey Research,* Jussey Bass, San Francisco.

Schuman, H. and Presser, S.(1979) *The open and closed question.* American Sociological Review, 44, 692-712.

Schwarz, N. & Sudman, S.(1996) *Answering Questions*, Jossey Bss Publishers, San Francisco

Spirer, H. F, Spirer, L. & Jaffe, A. J.(1998) *Misused Statistics*, Marcel Dekker, New York.

Tanur, J. M.(1992) *Questions about Question*, Russell Sage Foundation, New York.

Traub, R. E.(1994) *Reliability for Social Science*, SAGE, Thousand Oaks, New York

William Foddy(1993) *Constructing Questions for Interviews and Questionnaires.* Cambridge University Press.

저자와의
합의하에
인지를
생략합니다

설문지 작성과 통계분석
(SAS, SPSS 활용)

지은이 김호일
펴낸이 조경희
펴낸곳 경문사
펴낸날 2022년 9월 1일 1판 1쇄
2023년 9월 1일 1판 2쇄
등 록 1979년 11월 9일 제1979-000023호
주 소 04057, 서울특별시 마포구 와우산로 174
전 화 (02)332-2004 팩스 (02)336-5193
이메일 kyungmoon@kyungmoon.com

값 17,000원

ISBN 979-11-6073-568-0